AF762562

Collection

Les cahiers de l'électronique

La Jonction PN & diode

Cours & Exercices avec solutions

AUTRES OUVRAGES DU MEME AUTEUR

- **Génération et transformations de signaux. Ed/EYROLLES (Paris) 1996**
- **Non linear electronics 1 Ed/ ISTE & ELSEVIER (UK) 2018**
- **Non linear electronics 2 Ed/ ISTE & ELSEVIER (UK) 2019**

© 2025 B. HARAOUBIA

Collection

Les cahiers de l'électronique

La Jonction PN & diode

Cours & Exercices avec solutions

Brahim HARAOUBIA

Table des matières

Avant-propos

Ce manuel se veut être un outil d'aide à la compréhension du fonctionnement des composants électroniques. L'aspect théorique est abordé de façon graduelle pour éviter de mettre l'apprenant dans une situation inconfortable qui va l'emmener à une lassitude et certainement à l'abandon. Ce manuel est écrit pour servir à l'apprenant dans la perspective de construire de nouvelles connaissances à partir de l'acquis déjà en sa possession.

L'aspect théorique est renforcé par un apport expérimental pour aider l'apprenant à constater de lui-même, les différences entre deux mondes. La théorie est un grand support à la pratique. L'approximation théorique, peut aider à comprendre certains phénomènes physiques mais peut faire abstraction des paramètres gênant pour une compréhension aisée du fonctionnement parfois complexes des dispositifs électroniques.

L'aspect pratique, fait ressortir tous les éléments qui interviennent dans un circuit. C'est ce qui est présenté à travers ce manuel en ayant pour objectif de montrer que l'électronique est un domaine passionnant et qui devient encore plus passionnant, qu'on a la maîtrise de la compréhension et de l'analyse. La réalisation d'un élément fonctionnel complexe en électronique, est une juxtaposition ordonnée d'éléments simples. La maîtrise des éléments simples est un précurseur aux réalisations les plus complexes. Ce manuel présente un des composants électroniques, la diode, qui parait à priori simple et qui par son utilité se retrouve dans toutes les fonctions électroniques qu'on peut imaginer.

L'approche est voulue pédagogique. On part en effet, d'hypothèses simplificatrices, pour comprendre certains phénomènes qui introduisent plusieurs paramètres, parfois qu'on peut négliger à condition qu'on ait la maîtrise de la situation. Ensuite ces paramètres sont introduits pour faire ressortir leur influence et à quelle condition les hypothèses simplificatrices ont été énoncées. Plusieurs applications sont présentées, d'autres sont possibles.

Pour aller encore dans le sens de la construction de ses connaissances, et vérifier son approche des choses et son apprentissage, le lecteur trouvera aussi, une suite d'exercices d'applications avec leur correction détaillée afin qu'il puisse juger de lui-même ses possibilités et son évolution.

L'auteur
Pof. Brahim HARAOUBIA

Chapitre 1 – La jonction PN

1.1) Notion sur la structure de la matière

1.1.1) Les différents types d'atomes

Les matériaux sont constitués d'un assemblage d'atomes. Un élément chimique bien défini est constitué d'un seul atome. Le tableau périodique ou **tableau de Mendeleïev**, sert à les répertorier comme l'indique la figure 1.1. Cela nous permet de situer les matériaux semi-conducteurs ou bien les alliages qui peuvent constituer un tel matériau.

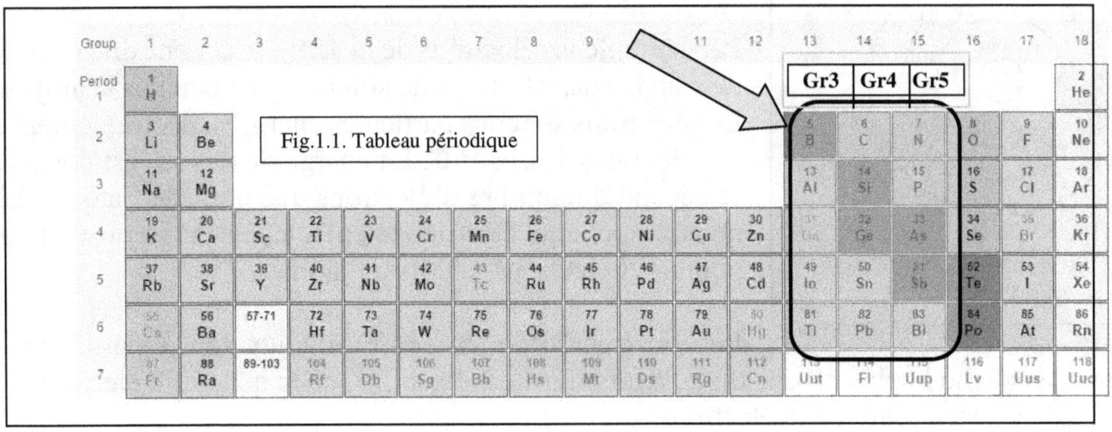

Fig.1.1. Tableau périodique

1.1.2) Structure d'un atome

L'existence de l'électricité réside dans la capacité d'un corps à laisser circuler des charges électriques sous l'influence d'un champ électrique. La structure de la matière est basée sur des atomes. Chaque atome est constitué d'un noyau, autour duquel on a des couches bien définies. Les électrons se répartissent sur des orbites différentes pour former ces couches. Chaque couche est remplie par un nombre d'électrons bien établi. Les électrons s'assemblent par paires quand cela est possible. La couche périphérique des atomes est très significative du comportement d'un atome dans une structure.
Dans un corps, les atomes se combinent entre eux de manière à créer une cohésion.
Les liaisons inter-atomes sont appelées liaisons de valences. Ces liaisons vont donner une indication sur la structure d'un matériau. Pour les cas qui nous intéressent, il y a deux types de valences :

- liaisons covalentes,
- liaisons métalliques.

Plusieurs modèles de représentation d'un atome ont été établis. Pour les besoins de l'étude des semi-conducteurs et de la jonction PN, on va se suffire du modèle représenté par la figure 2. Cette représentation est relative à l'atome de Silicium.

On constate dans cette représentation que l'atome est constitué d'un noyau autour duquel gravitent un certain nombre d'électrons. Dans le cas du Silicium, il faut constater que le nombre d'électrons est de 14 et qui sont distribués sur 3 couches notées K, L et M. Ces électrons gravitent autour du noyau. Chaque couche est située à un niveau d'énergie bien défini.

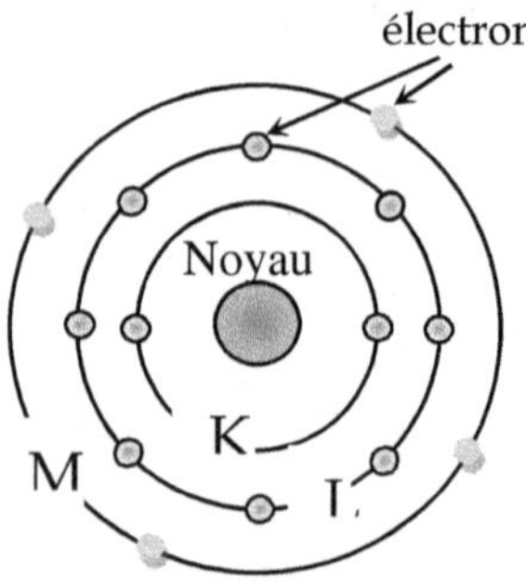

Fig.1.2. Structure symbolique d'un atome de Silicium

Il faut constater que les électrons qui sont proches du noyau sont fortement liés au noyau. Les électrons qui sont sur les couches périphériques le sont moins.

Par exemple les électrons de la dernière couche dite couche de valence dans l'atome de silicium sont peu liés au noyau. Les électrons sont des particules chargées électriquement à la valeur $e = 1{,}6.10^{-19}$ C. La charge du noyau est positive et dépend du nombre d'électrons que possède l'atome. Le noyau est chargé électriquement à la valeur +q ($q = n.e$; n nombre d'électrons relatifs à l'atome).

Les électrons d'un atome de Silicium sont répartis sur 3 couches. La couche la plus proche du noyau renferme 2 électrons, celle qui suit 8 électrons et la couche de valence renferme 4 électrons.

Comme les atomes ont tendance à avoir sur leur couche périphérique ou de valence 8 électrons, on dit que la couche périphérique de l'atome de silicium est incomplète et elle est disposée à accueillir 4 électrons supplémentaires.

Cette propriété va être utilisée pour réaliser des dispositifs électroniques très intéressants, qui seront examinés dans ce manuel.

1.1.3) Structure d'un matériau semi-conducteur

Dans une structure, les atomes vont mettre en commun leurs électrons de valence pour former les liaisons covalentes. L'état énergétique d'un matériau peut être représenté par des bandes d'énergie.

Pour les objectifs qui nous intéressent, on peut classer les matériaux en 3 catégories :

- Les matériaux conducteurs
- Les matériaux isolants
- **<u>Les matériaux semi-conducteurs</u>**

La représentation de ces matériaux à l'aide du digramme de bande d'énergie est assez explicite (figure 1.3).

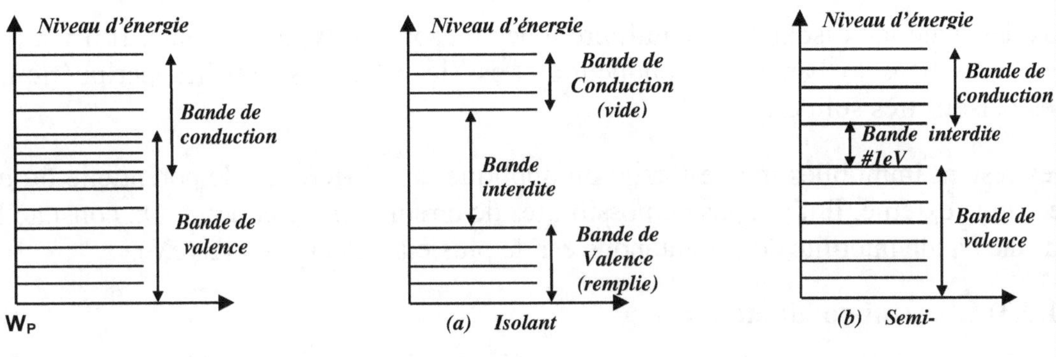

Fig.1.3. Les niveaux d'énergies relatifs à la nature des matériaux

De la nature du matériau dépend la hauteur de la bande interdite. C'est cette bande qui va permettre de distinguer la nature de chaque matériau. A titre d'exemple et de comparaison, on donne à la figure 1.4, quelques matériaux avec comme indication la largeur de la bande interdite.

Les électrons qui ont une énergie située dans la bande de conduction circulent librement dans le matériau.

Un électron dont l'énergie se trouve dans la bande de valence est relatif à plusieurs atomes et de ce fait il est lié et ne circule pas librement.

Atome	*EG(eV)*	*Type de matériau*
C (carbone)	*5,5*	*Isolant*
Si (silicium)	*1,1*	*Semi-conducteur*
Ge (germanium)	*0,7*	*Semi-conducteur*
Cu (cuivre)	*0*	*Conducteur*

Fig.1.4. Exemple de matériaux avec la largeur relative à la bande interdite

1.1.3.1) Les matériaux conducteurs

Dans ce type de matériaux la bande de valence et la bande de conduction se chevauchent. Il n'y a pas de bande interdite. Des atomes composant les matériaux conducteurs libèrent des électrons qui peuvent circuler librement. Lorsqu'on applique une différence de potentiel à ce matériau ou un champ électrique externe, les électrons libres se déplacent et on mesure une intensité de courant qui circule à travers le matériau conducteur.

1.1.3.2) Les isolants

Dans le cas des matériaux isolants, on a affaire à des liaisons de type covalente. Il n'y a pas d'électrons libres dans la bande de conduction. Les électrons des couches périphériques forment des liaisons très solides.

Les charges restent immobiles même lorsqu'on applique une différence de potentielle ou un champ électrique externe. Il n'y a pas de possibilités de circulation de courant. On constate la présence d'une bande interdite dont l'entendue est de plusieurs électronvolts (eV).

1.1.3.3) Les semi-conducteurs

On constate que ces matériaux ont une conductivité intermédiaire entre les conducteurs et les isolants. La bande de valence et la bande de conduction ne se chevauchent pas puisqu'il existe une bande interdite.

Cependant, il faut noter que cette bande interdite est d'une étendue très étroite, puisqu'elle est de l'ordre de 1,1 eV pour le Silicium et de l'ordre de 0,7 eV pour le Germanium. Le Germanium et le Silicium sont les semi-conducteurs les plus anciens et les plus connus.

1.1.4) Les paramètres caractéristiques d'un semi-conducteur

1.1.4.1) Approche globale

Les semi-conducteurs peuvent être considérés à la température ambiante comme de mauvais isolants et aussi dc mauvais conductcurs.
Les caractéristiques spécifiques d'un semi-conducteur résident dans les propriétés essentielles que :

- La conductivité
- La photoconduction
- Le redressement

1.1.4.2) La conductivité

Pour un métal, la conductivité décroît quelque peu avec la température de même pour un isolant. Pour un semi-conducteur elle croît très rapidement avec la température. Au zéro absolu (-273 °C) la conductivité d'un semi-conducteur intrinsèque est nulle.

Lorsque la température augmente, un électron de la bande de valence qui a obtenu suffisamment d'énergie va passer de cette bande de valence vers la bande de conduction. De ce fait, la conductivité n'est plus nulle en raison de la présence d'électrons libres dans la bande de conduction.

Dans un semi-conducteur intrinsèque le déplacement d'un électron par effet thermique va laisser une place vide (un trou) dans la bande de valence. La concentration d'électrons (n) dans la bande de conduction et la concentration de trous (p) dans la bande de valence sont égales.

Dans un métal, la conduction est assurée par un seul type de porteurs qui sont en général les électrons. Par contre dans les semi-conducteurs, elle est assurée par deux types de porteurs que sont les électrons et les trous.
Cette notion de porteurs (électrons et trous) sera développée un peu plus loin.

1.1.4.3) La photoconduction

Un semi-conducteur éclairé voit sa résistivité diminuer. Cette propriété est absente chez les conducteurs et les isolants.

1.1.4.4) Le redressement

Un semi-conducteur n'autorise le passage du courant que dans un seul sens, cette propriété est très utilisée pour le redressement de courants alternatifs.

1.1.5) Structure d'un semi-conducteur

1.1.5.1) Les différents types de matériaux semi-conducteurs

En analysant le tableau périodique de la figure 1.1, parmi les éléments du groupe 4 (quatre) de ce tableau certains sont considérés comme étant des semi-conducteurs (figure 1.5).

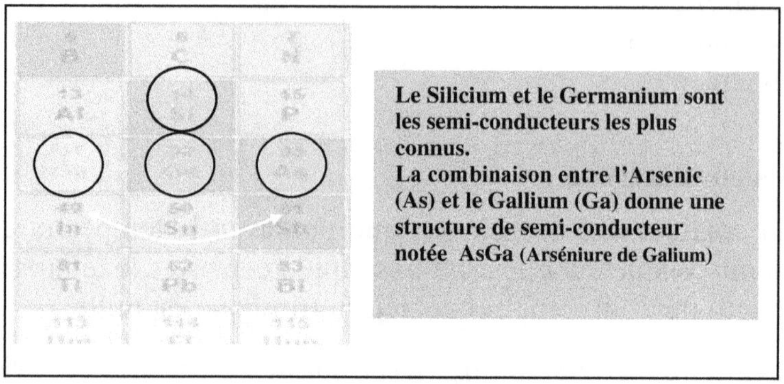

Fig.1.5. Situation des semi-conducteurs dans le tableau périodique

On peut également obtenir des semi-conducteurs par la combinaison entre les éléments du groupe 3 et du groupe 5 (AsGa; PGa; SbGa…) de la figure 1.5.

Nous allons nous intéresser à deux des semi-conducteurs les plus utilisé aujourd'hui. Ces deux semi-conducteurs sont de structures différentes, le premier appartient au groupe 4 des éléments inscrits dans le tableau périodique en l'occurrence le Silicium (Si) et le deuxième est un alliage composé de deux éléments, l'un appartenant au groupe 3, le Galium (Ga) et l'autre appartient au groupe 5, l'arsenic (As).

L'étude des autres matériaux semi-conducteurs reste relativement similaire.

1.1.5.2) Structure d'un atome de Silicium

L'atome de Silicium appartient dans le tableau périodique au groupe 4. Sa couche périphérique renferme 4 électrons de valence.

Dans la structure cristalline du silicium, la mise en commun de deux électrons de valence par deux atomes permet d'avoir une liaison covalence pour assurer la cohésion de la structure du cristal Silicium (figure 1.6).

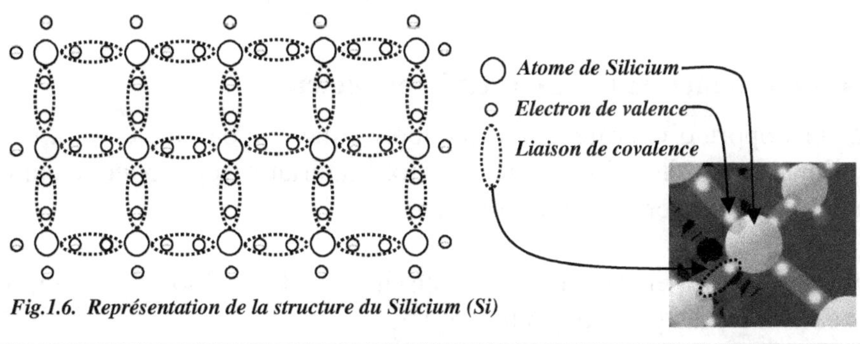

Fig.1.6. Représentation de la structure du Silicium (Si)

L'atome est électriquement neutre. Les charges négatives relatives aux électrons sont compensées par la charge positive du noyau.

L'atome de silicium (Si), comprend un noyau autour duquel gravitent les électrons au nombre de 14 situés sur trois orbites différents. On trouve sur la couche périphérique (troisième orbite) quatre électrons. L'association des atomes de silicium donne le cristal semi-conducteur silicium. L'analyse de la structure cristalline du silicium à la température absolue (0° Kelvin ou – 273° Celsius), montre que ce semi-conducteur est un isolant. Il n'y a aucun électron libre.

1.1.5.3) Structure de l'Arséniure de Galium (AsGa)

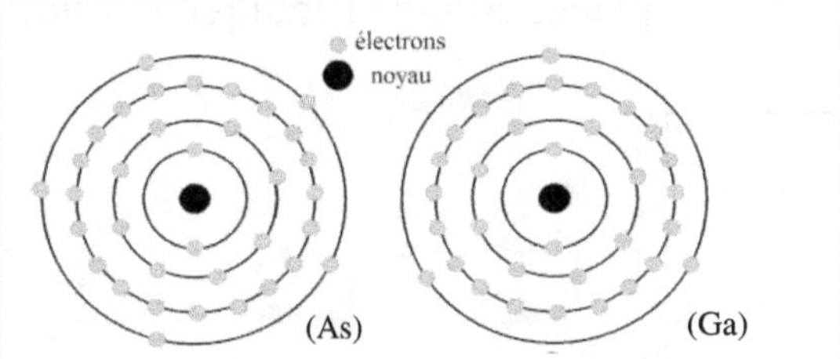

Fig.1.7. Structure de l'arsenic (As) et du gallium (Ga)

L'arsenic (As) possède un nombre d'électrons égal à 33 dont 5 se trouvent sur la couche périphérique. Par contre le gallium (Ga) a un total de 31 électrons et parmi lesquelles 3 se trouvent sur la dernière orbite (figure 1.7).L'association de l'arsenic (As) et du gallium (Ga), va permettre d'avoir 4 liaisons de valence (figure 1.8). On aura ainsi une structure ou il n'y a plus d'électrons libres (cela sous-entend bien sûr, qu'on est à la température zéro absolu -273 °C).

Cette structure ressemble bien à la structure du Silicium. Les semi-conducteurs ne présentent aucun électron libre à la température absolue.

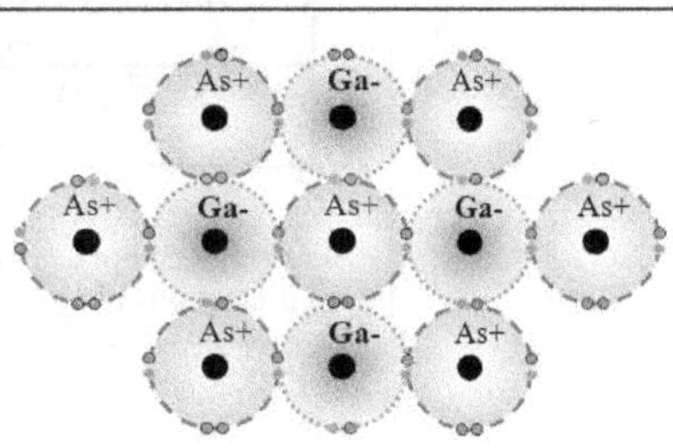

Fig.1.8. Représentation de la structure du semi-conducteur AsGa.

Ceci indique qu'il ne peut s'établir aucune conduction à travers ce matériau intrinsèque à cette température. D'un point de vue énergétique, la bande de valence est saturée et la a bande de conduction est vide. Au zéro absolu, un semi-conducteur est un isolant parfait.

1.1.5.4) La conduction dans un semi-conducteur

Lorsqu'il y a un apport d'énergie par effet thermique ou par un effet d'éclairage ou par l'application d'un champ électrique externe, aux matériaux semi-conducteurs, on casse des liaisons covalentes et on libère ainsi des électrons.

Ainsi par exemple à la température ambiante (environ 27°C ou 300 °K), l'énergie cinétique des électrons est beaucoup plus grande qu'au zéro absolu.

De ce fait, il y aura une rupture d'un certain nombre de liaisons de valence. Les électrons ayant acquis une énergie suffisante (supérieure à E_g : gap d'énergie relatif à la bande interdite), passent de la bande de valence vers la bande de conduction comme l'indique la figure 1.9.

Seulement lorsque les électrons passent de la bande de valence vers la bande de conduction, ils laissent dans cette bande de valence des trous.

La conduction est assurée par ces électrons qui se trouvent dans la bande de conduction comme c'est le cas pour les métaux. Ce qui diffère dans les semi-conducteurs ce sont ces trous laissés vacants dans la bande de valence qui eux aussi peuvent se déplacer comme l'indique la figure 1.10.

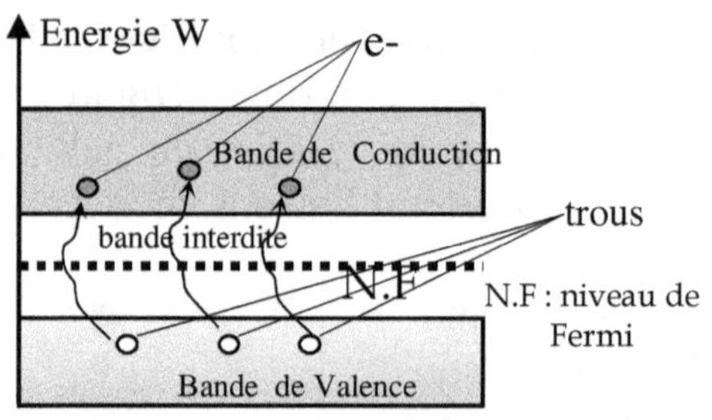

Fig.1.9. Rupture des liaisons de valence – présence d'électrons libres dans la bande de conduction

L'aspect conducteur du matériau est augmenté et se trouve ainsi assuré par deux types de porteurs que sont les électrons et les trous. On aura le même résultat pour l'aspect de conduction dans un semi-conducteur lorsqu'on applique un champ électrique externe.

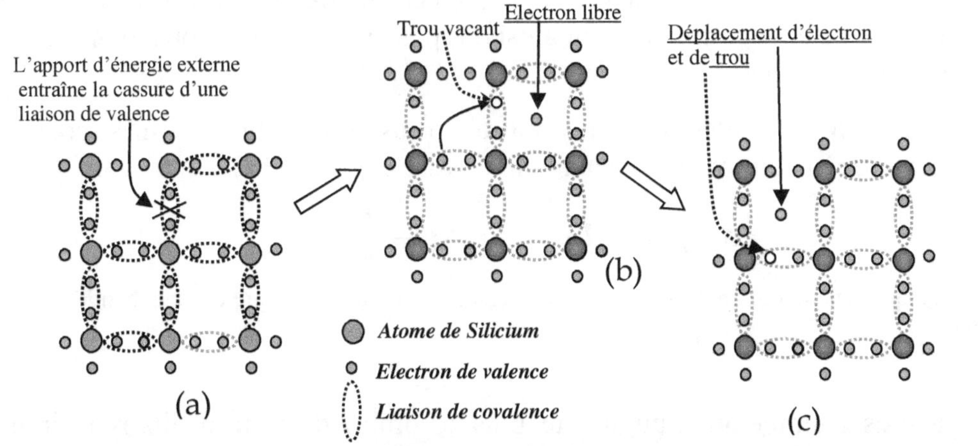

Fig.1.10. La conduction dans un semi-conducteur par les déplacements d'électrons et de trous. (a) cassure d'une liaison de valence. (b) libération d'un électron et présence (c) d'un trou vacant.

1.2) Dopage d'un semi-conducteur

1.2.1) Les semi-conducteurs intrinsèques

Les semi-conducteurs les plus anciennement connus sont le Germanium et le Silicium. Le plus utilisé étant ce dernier. La structure simplifiée à l'échelle moléculaire du silicium est représentée à la figure 1.11.

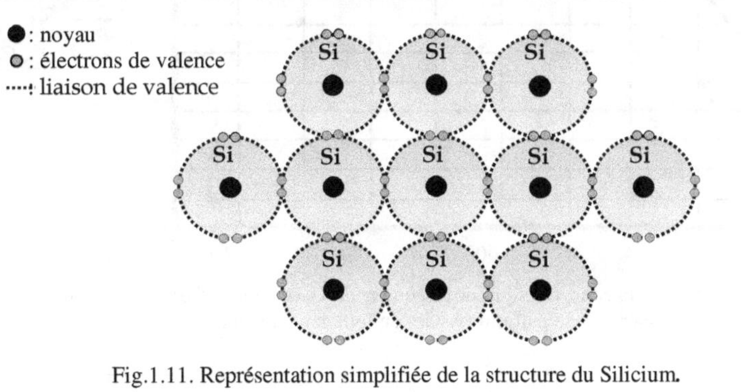

Fig.1.11. Représentation simplifiée de la structure du Silicium.

Chaque atome va se lier aux 4 atomes les plus proches par ses électrons de valence. La structure telle qu'elle est schématisée montre l'absence totale d'électrons libres, d'où l'impossibilité d'établir un quelconque courant électrique. Pour avantager la conduction, il faut s'assurer de l'existence d'électrons libres en nombre suffisant. Par l'apport d'énergie externe thermique, on peut casser les liaisons de valences et libérer des électrons qui vont passer de la bande de valence vers la bande de conduction laissant ainsi des places vides (des trous) dans la bande de valence qui peuvent également se déplacer.

Les concentrations « **n** » des électrons et « **p** » des trous sont égales à « **n_i** » (concentation intrinsèque). Ce paramètre (**n_i**) varie avec la température (figure 1.12).

$$\mathbf{n = p = n_i(T) = AT^{\frac{3}{2}} \exp(-\frac{E_g}{2kT})}$$

A est une constante qui dépend du matériaux semi-conducteur ; E_g : Gap d'énergie entre la bande de valence et la bande de conduction

On constate que plus la température augmente, plus le nombre d'électrons libres est important. Cependant, l'apport d'électrons libre par effet thermique n'est pas une solution attrayante. Pour arriver à augmenter le pouvoir de conduction d'un semi-conducteur et choisir également le type de porteurs (les électrons ou les trous) qui assurent la conduction, il est intéressant d'employer la technique de dopage du semi-conducteur intrinsèque en introduisant des impuretés dans sa structure.
Ceci nous permet d'assurer le contrôle de la conductivité du semi-conducteur.

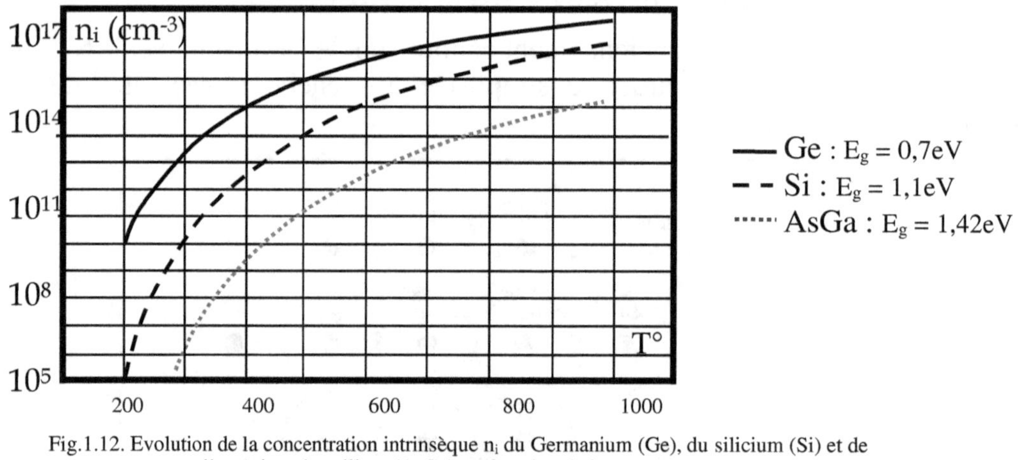

Fig.1.12. Evolution de la concentration intrinsèque n_i du Germanium (Ge), du silicium (Si) et de l'arséniure de gallium (AsGa) en fonction de la température

1.2.2) Le dopage des semi-conducteurs

Le dopage d'un semi-conducteur consiste à introduire des impuretés bien choisies dans le cristal semi-conducteur dans la perspective d'augmenter sa conductivité. Il y a deux sortes de dopages :

- Le dopage de type « N » (Négatif)
- Le dopage de type « P » (Positif)

1.2.2.1) Dopage type « N »

Le dopage de type N consiste à introduire dans le cristal semi-conducteur (on prendra ici le silicium) des atomes d'impuretés pentavalents (figure 1.13) tels que le phosphore (P), l'arsenic (As), ou l'antimoine (Sb).

Chaque atome possède 5 électrons sur la couche de valence. Chaque atome d'impureté, va amener un électron de valence supplémentaire. Cet électron est peu lié au noyau et peut passer facilement de la bande de valence à la bande de conduction. On augmente ainsi la conductivité extrinsèque du matériau.

Les atomes pentavalents ou donneurs deviennent des ions positifs après le passage des électrons excédentaires dans la bande de conduction.

Le nombre des électrons dans le matériau est bien entendu en rapport avec le nombre d'atomes de dopage. Dans ce type de dopage, la conduction est assurée par les porteurs de charges négatives que sont les électrons (porteurs majoritaires). Ces atomes pentavalents, peuvent s'intégrer de façon parfaite dans la structure du silicium.

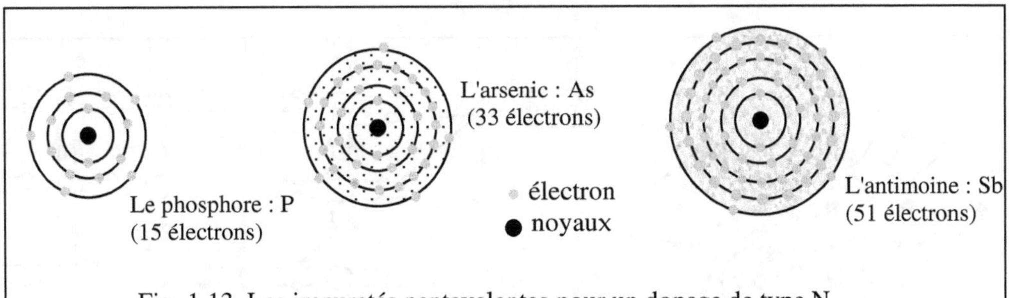

Fig. 1.13. Les impuretés pentavalentes pour un dopage de type N

L'un de ces atomes pentavalents ne peut se lier à un atome de silicium que par quatre (4) électrons, le cinquième électron reste donc libre.

Un bon dosage des impuretés permet d'arriver au nombre d'électrons libres, nécessaires pour assurer ainsi la conductivité souhaitée. Le semi-conducteur ainsi obtenu est du type «N » figure 1.14.

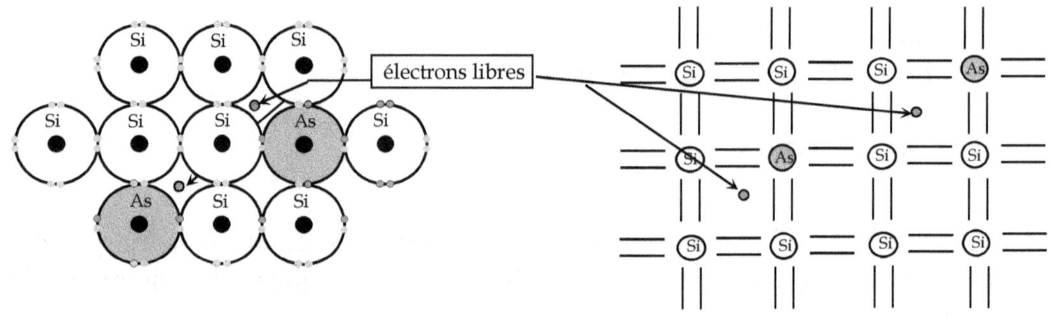

Fig.1.14. Semi-conducteur dopé de type « N »

1.2.2.2) Dopage type « P »

Les impuretés dopantes qui sont injectées cette fois-ci dans la structure du semi-conducteur sont des atomes trivalents (existence de trois électrons sur la couche de valence). Parmi ce type d'atomes on cite l'indium (In), le bore (B), le gallium (Ga) et l'aluminium (Al). La liaison de ces atomes trivalents à un atome de silicium est effectuée par trois (3) électrons. Le quatrième électron de valence du silicium se retrouve seul. On dit qu'on est en présence d'un trou.
A la température ambiante certains électrons du cristal de silicium se libèrent et viennent combler ce trou, qui va se retrouver ailleurs qu'à l'emplacement de départ. On assure ainsi une conduction par trous mobiles. Le nombre de trous est bien sûr dépendant du nombre d'atomes d'impuretés injectées dans le cristal de silicium. On obtient dans ce cas un semi-conducteur de type «P» comme l'indique la figure 1.15.

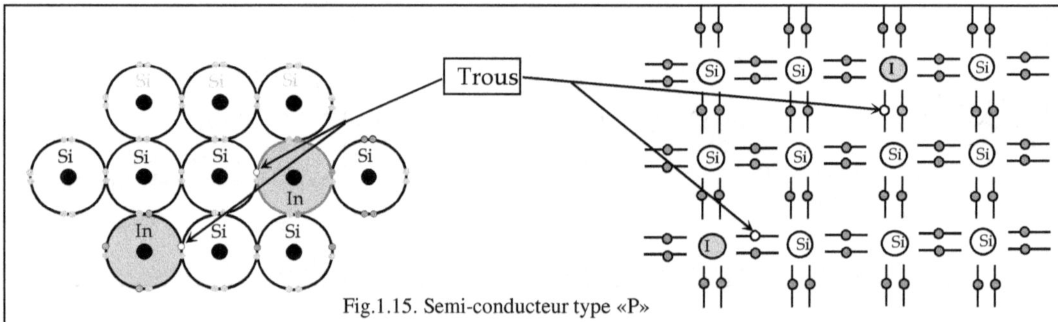

Fig.1.15. Semi-conducteur type «P»

Ainsi, il y a lieu de constater que la conduction électrique dans les semi-conducteurs s'établit soit, par déplacement d'électrons libres, soit par déplacement de trous. Il y a donc, deux sortes de porteurs dans les semi-conducteurs, à l'inverse des métaux ou il n'y a qu'un seul type de porteurs (les électrons).

1.2.3) La conductivité dans un matériau semi-conducteur dopé

La conductivité dans un matériau semi-conducteur dopé est proportionnelle à la concentration des atomes d'impuretés injectés dans ce matériau.

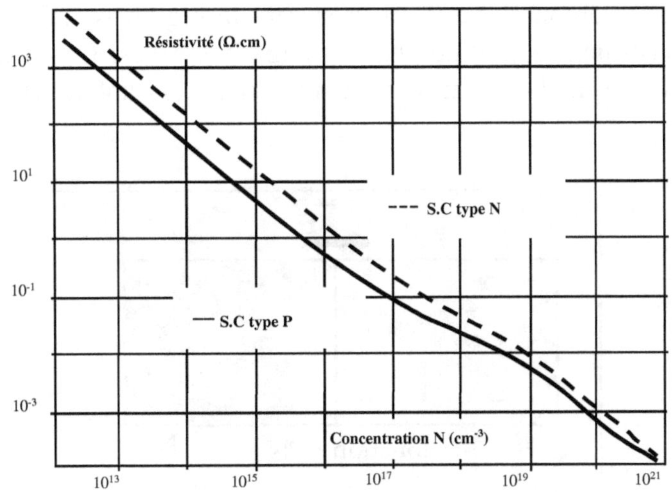

Figure 1.16 Variation de la résistivité d'un semi-conducteur dopé (N ou P) en fonction de la concentration des atomes.

La figure 1.16 montre la variation de la résistivité d'un semi-conducteur dopé (N ou P) en fonction de la concentration des atomes donneurs (dopage type N) ou des atomes accepteurs (dopage type P).

1.3) La jonction PN

Dans ce cadre nous allons étudier la jonction PN abrupte (idéalisation d'une jonction PN réelle). La jonction PN consiste en la mise en contact entre un semi-conducteur type N et un semi-conducteur type P issus d'un même matériau qui peut être pour le cas qui nous intéresse du Silicium. La densité des atomes donneurs est notée N_D et la densité d'atomes accepteurs est noté N_A. Pour une jonction PN abrupte la différence entre les densités des donneurs et des accepteurs (N_D-N_A) passe brutalement d'une valeur négative au niveau de la région P à une valeur positive au niveau de la région N.

1.3.1) Jonction PN à l'équilibre

La mise en contact d'un semi-conducteur dopé « N » et un semi-conducteur dopé « P », permet d'obtenir ce que l'on appelle une jonction " PN " figure 1.17. La transition de la zone P à la zone N se fait brutalement.

Lorsque les deux semi-conducteurs de type N et de type P sont assemblés, la différence de concentration entre les porteurs des régions P et N va provoquer la circulation d'un courant de diffusion. Les trous de la région P, vont diffuser vers la région N, laissant derrière eux des atomes ionisés, qui constituent autant de charges négatives fixes. Il en est de même pour les électrons de la région N qui diffusent vers la région P laissant derrière eux des charges positives.

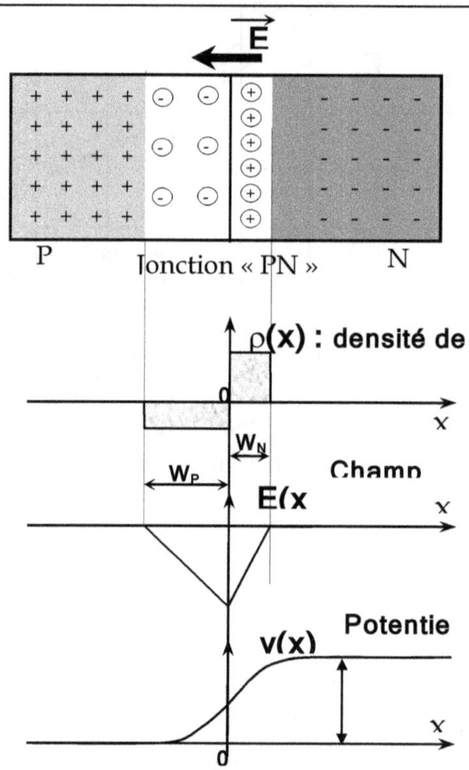

Fig.1.17. Eléments qui caractérisent une jonction PN

Il apparaît au niveau de la jonction une zone contenant des charges fixes positives et négatives. Ces charges vont créer un champ électrique qui va s'opposer à la diffusion des porteurs pour créer une situation d'équilibre électrique. La région dépeuplée de porteurs mobiles est appelée zone de charge d'espace ou zone interdite.

1.3.2) Champ électrique, différence de potentiel et largeur de la zone de charge d'espace de la jonction

L'équation de poisson permet d'écrire :

$$\frac{d^2v}{dx^2} = -\frac{\rho(x)}{\varepsilon}$$

v(x) : potentiel ; E : champ électrique ; ρ(x) : densité de charge ; $\varepsilon=\varepsilon_0\varepsilon_r$

ε_r : permittivité relative du semi-conducteur ; $\varepsilon_0= 8{,}85.10^{-12}$

$$\frac{dE(x)}{dx} = \frac{1}{\varepsilon}\rho(x)$$

Dans chacune des régions on aura respectivement :

Région N :

$$\frac{d^2v}{dx^2} = -\frac{eN_D}{\varepsilon} \qquad 0 < x < W_N ;$$

Région P :

$$\frac{d^2v}{dx^2} = \frac{eN_A}{\varepsilon} \qquad -W_P < x < 0$$

La neutralité électrique nous permet d'écrire :

$$W_P.N_A = W_N.N_D$$

La largeur de la zone de charge d'espace est :

$$W = W_P + W_N$$

Le champ électrique E qui se trouve au niveau de la jonction dérive d'un potentiel v. On peut définir le champ électrique dans la zone de charge d'espace comme suit :

Au niveau de la région P :

$$E = -\frac{dv}{dx} = \frac{eN_A}{\varepsilon}(x + W_P) \qquad -W_P < x < 0$$

Au niveau de la région N :

$$E = -\frac{dv}{dx} = -\frac{eN_D}{\varepsilon}(x - W_N) \qquad 0 < x < W_N$$

Le champ électrique maximum se trouve au niveau de la jonction PN est obtenu par continuité :

$$E_{MAX} = \frac{eN_A}{\varepsilon}W_P = \frac{eN_D}{\varepsilon}W_N$$

Pour trouver l'expression de la tension qui forme la barrière de potentiel, il suffit d'écrire que :

$$\mathbf{V_0 = \int_{-W_P}^{W_N} E(x)dx = \int_{-W_P}^{0} \frac{eN_A}{\varepsilon}(x + W_P)dx + \int_{0}^{W_N} \frac{eN_A}{\varepsilon}(x - W_N)dx}$$

Finalement l'expression de la tension barrière de potentiel est :

$$\mathbf{V_0 = \frac{eN_A}{2\varepsilon} W_P^2 + \frac{eN_D}{2\varepsilon} W_N^2}$$

A l'équilibre, le potentiel créé par la diffusion va jouer le rôle d'une barrière qui va empêcher toute circulation de courant. Pour pouvoir assurer une conduction à travers la jonction, il est nécessaire de fournir une énergie externe pour vaincre cette barrière de potentiel.

Cette énergie peut être thermique ou électrique. Comme généralement on travaille à température ambiante, on verra que l'énergie externe fournie est généralement de type électrique.

La largeur globale de la zone de charge d'espace est définie par :

$$\mathbf{W = W_P + W_N}$$

On sait que :

$$\mathbf{V_0 = \frac{E_{MAX}}{2} W;}$$

$$\mathbf{\frac{W_N}{W_P} = \frac{N_A}{N_D}}$$

Alors :

$$\mathbf{W = \sqrt{\frac{2\varepsilon}{e} \frac{(N_A + N_D)}{N_A N_D} V_0}}$$

On constate que la largeur de la zone de charge d'espace va dépendre de V_0, on peut alors penser qu'on peut agir sur cette largeur W en modifiant la barrière de potentiel.

1.3.2) Polarisation d'une jonction PN

1.3.2.1) Polarisation dans le sens direct

La jonction "PN" est alimentée par une tension continue externe V_{ex} réglable comme l'indique la figure 1.18. La borne "+" est reliée à la région "P" et la borne "-" à la région "N".

La tension externe V_{ex} va agir sur la barrière de potentiel pour la diminuer jusqu'à annulation comme l'indique la figure 1.19. La barrière de potentiel interne à la jonction PN est notée V_i ou (V_0). C'est cette tension qui existe au niveau de la zone de charge d'espace qui va empêcher la diffusion des électrons et des trous pour pouvoir assurer la circulation d'un courant I_D à travers la jonction.

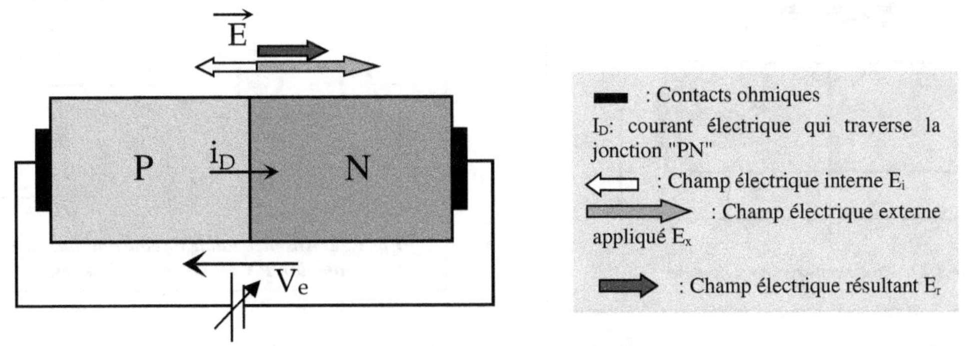

Fig. 1.18. Jonction "PN" polarisée en direct

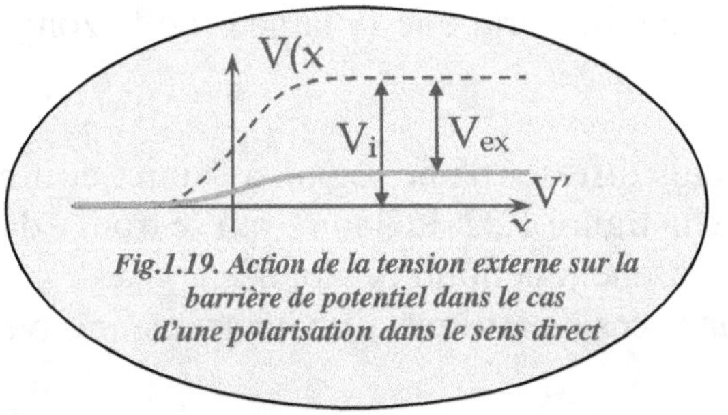

Fig.1.19. Action de la tension externe sur la barrière de potentiel dans le cas d'une polarisation dans le sens direct

Lors de la mise sous tension de la jonction PN, la tension externe V_{ex} va créer un champ externe E_x de sens contraire au champ interne E_i.

Dans ces conditions on peut envisager deux cas :

1°) $V_{ex} < V_0$

L'énergie externe fournie ne peut vaincre la barrière de potentiel, il ne peut s'établir une véritable conduction.

2°) $V_{ex} > V_i$

L'alimentation externe permet de créer un champ E_x qui va compenser le champ interne et au vu de son amplitude va permettre le renforcement de la diffusion des électrons de la région "N" vers "P" et des trous de la région "P" vers "N".
Dans ce cas, la jonction PN est dite polarisée en direct.

Il y aura une véritable conduction et la circulation d'un fort courant permettant ainsi d'allumer la lampe comme l'indique la figure 1.20.

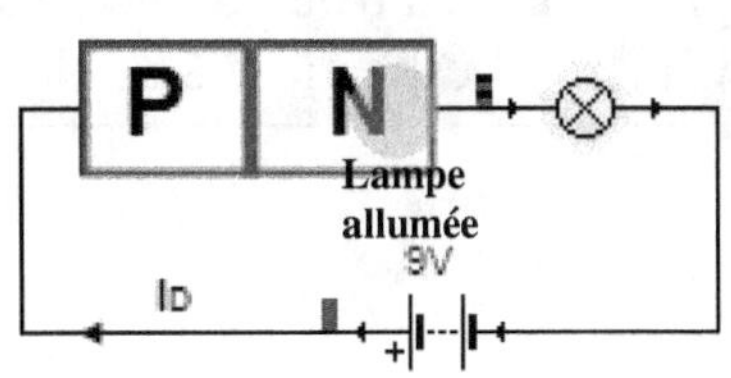

Fig.1.20. Circulation d'un fort courant lorsqu'une jonction PN est polarisée en direct

1.3.2.2) Polarisation dans le sens inverse.

Les polarités de l'alimentation V_{ex} sont cette fois-ci inversées (le pôle positif est relié à la région N et le pôle négatif à la région P (figure 1.21). La jonction est polarisée dans le sens inverse.

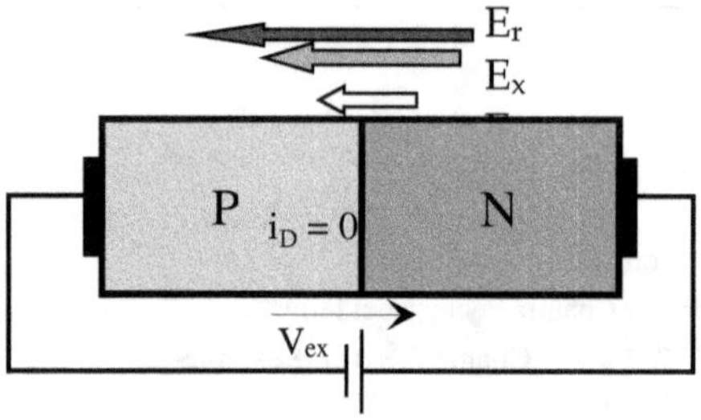

Fig.1.21. Diode polarisée en inverse

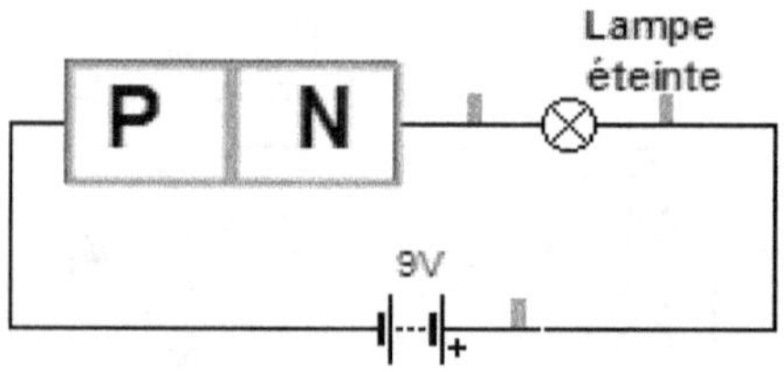

Fig.1.22. Absence totale de courant lorsqu'une jonction PN est polarisée en inverse

Le champ électrique externe E_x créé par la tension appliquée V_{ex} renforce l'action du champ interne E_i. Le champ global résultant E_R va faire de telle sorte que la largeur de la zone de charge d'espace est beaucoup plus grande.

De ce fait, les électrons et les trous ne peuvent plus diffuser d'une région à l'autre, et il n'y aura aucune circulation de courant comme l'indique la figure 1.22. La lampe qui se trouve dans le circuit reste éteinte. On parle dans ces conditions d'une jonction PN bloquée.
On a l'impression que la jonction PN joue le rôle dans ces conditions d'un interrupteur ouvert.

Remarque :

La circulation d'un courant I_D est due aux porteurs majoritaires (les électrons dans la région N et les trous dans la région P). Lorsque la jonction est bloquée ce courant est nul. Cependant il existe un faible courant I_{DS} qui est dû aux porteurs minoritaires (les électrons du coté de la région P et des trous du coté de la région N). Ce courant I_{DS} est appelé courant de saturation inverse et il est estimé à quelques nanoampères ($1nA = 10^{-9}A$)

Chapitre 2 - La diode

2.1) Présentation

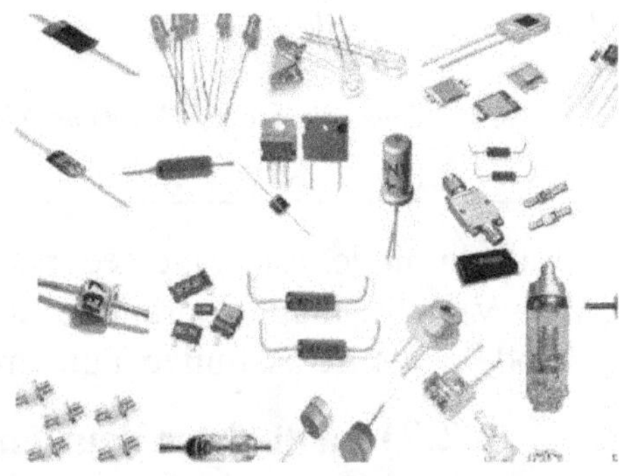

Fig.2.1 Les différents formes de boîtiers d'une diode à jonction

La diode est une jonction « PN » qui est encapsulée dans un boîtier hermétique de protection. La diode est employée dans de nombreuses fonctions de l'électronique. Chaque type de boîtier (figure 2.1) est adapté à la fonction de la diode ou à la puissance qu'elle peut supporter.
La représentation électrique d'une diode classique est donnée à la figure 2.2a.
Le branchement d'une diode doit respecter un certain sens. De ce fait les deux pôles (anode et cathode) d'une diode sont repérés grâce à un anneau peint sur le boîtier (figure 2.2b). L'anneau est toujours proche de la cathode. L'anode est relié à la région P de la jonction « PN » et la cathode est reliée à la région N (fig. 2.2c)

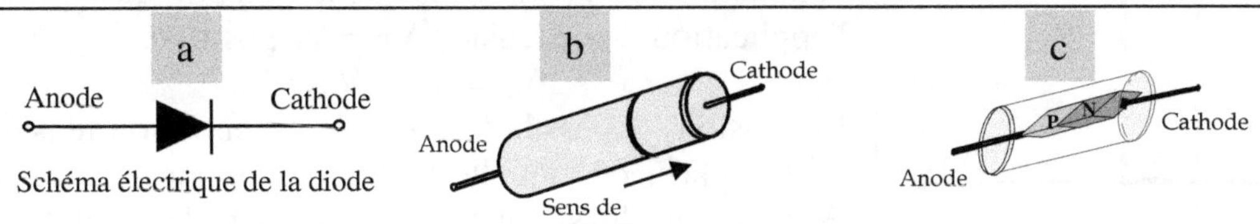

Fig.2.2 (a) représentation électrique de la diode
(b) : anneau indicateur du sens de la diode
(c) : polarités de la jonction PN

2.2) Caractéristique d'une diode

La caractéristique d'une diode c'est la représentation de la variation du courant I_D qui traverse cette diode en fonction de la tension V_D qui lui est appliquée. Pour mieux cerner le comportement de la diode dans un circuit électronique, on va approcher cette caractéristique à l'aide de plusieurs approximations.

2.2.1) La diode en première approximation

Dans cette partie, la diode est considérée comme un composant idéal. En effet dans ce cadre, on suppose que la barrière de potentiel V_0 créée par le champ interne est nulle. De même lorsque la diode conduit, on va considérer que la résistance R_d qu'elle oppose au passage du courant est nulle et que la résistance R_i qu'elle présente lorsqu'elle est polarisée en inverse est infinie. Dans ces conditions, la caractéristique de la diode idéale est représentée à la figure 2.3. Dans cette approximation, la diode polarisée en direct se comporte comme un court-circuit ou un interrupteur fermé. A l'application d'une faible tension ($V_D = V_A - V_K > 0$), la diode est traversée par un très fort courant. Par contre dans le sens inverse ($V_D = V_A - V_K < 0$), aucun courant ne circule quelque-soit la valeur de la tension inverse appliquée. La diode peut être assimilée à un circuit ouvert.

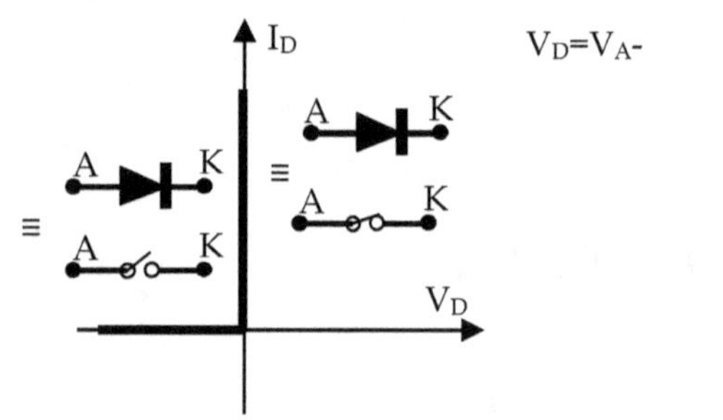

Fig. 2.3. Caractéristique $I_D = f(V_D)$ d'une diode idéale

2.2.2) La diode en deuxième approximation

Pour la caractéristique de la diode en deuxième approximation, on va tenir compte uniquement de l'existence de la barrière de potentiel. La résistance présentée par la diode dans le sens direct est considérée comme nulle, alors que la résistance dans le sens inverse est supposée infinie. Ce qui revient à dire que la conduction de la diode ne peut s'établir qu'à partir de l'application d'une tension $V_D = V_0$ positive.

$$V_D = V_A - V_K = V_0$$

La tension V_0 est la barrière de potentiel ou tension de seuil à partir de laquelle la diode commence à conduire. Pour le cas du silicium, cette tension de seuil V_0 vaut environ 0,6V. A partir de ces données, on peut représenter la caractéristique $I_D = f(V_D)$ de la diode en deuxième approximation à la figure 2.4.

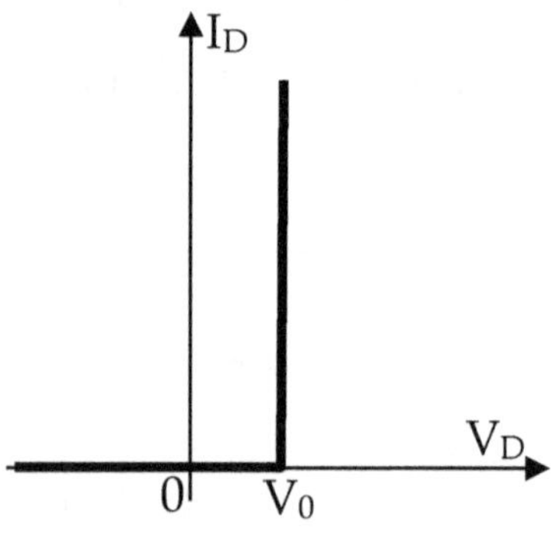

Fig.2.4. Caractéristique de la diode en deuxième approximation.

Tant que la tension V_D appliquée aux bornes de la diode est inférieure à la tension de seuil V_0 (barrière de potentiel), la diode se comporte comme un interrupteur ouvert. Dès que la tension V_D dépasse légèrement cette tension de seuil, la diode conduit et on peut l'assimiler à un interrupteur fermé.

2.2.3) La diode en troisième approximation

Dans ce cas, on va tenir compte pour le sens direct de deux paramètres que sont la tension de seuil (V_0) et la résistance de conduction (R_d). La représentation de $I_D = f(V_D)$ est donnée à la figure 2.5.

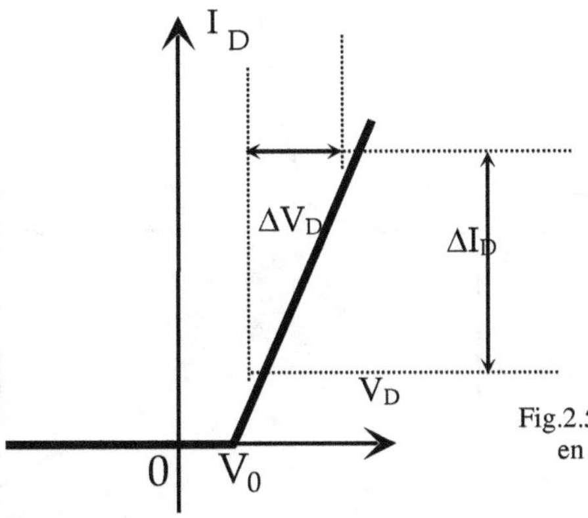

$$R_d = \frac{\Delta V_D}{\Delta I_D}$$

Fig.2.5. Caractéristique de la diode en troisième approximation.

En polarisation directe, et tant que la tension : $V_D=V_A-V_K$ est inférieure à la tension de seuil V_0, il n'y a aucun courant à travers la jonction.

Dès que V_D dépasse cette tension de seuil, la croissance du courant traversant la diode en fonction de la tension appliquée V_D s'effectue selon une pente, qui dépend de la résistance dynamique R_d de la diode.

En polarisation inverse $V_D < V_0$ il n'y a aucun courant de conduction. La diode est bloquée et elle est équivalente à un interrupteur ouvert.

2.2.4) Caractéristique réelle d'une diode

Les trois approximations qui ont été présentées vont rapprocher de la caractéristique réelle d'une diode. La caractéristique réelle ($I_D = f(V_D)$) est plus complexe que les approximations qui ont été faites. Cependant, ces approximations sont utiles pour l'étude théoriques des fonctions électroniques à base de diodes. La caractéristique directe d'une diode peut être obtenue expérimentalement en faisant un tracé point à point ou de façon automatique.
L'expression mathématique relative à la caractéristique $I_D = f(V_D)$ de la diode polarisée dans le sens direct est donnée par :

$$I_D = I_{DS}[e^{\frac{eV_D}{KT}} - 1]$$

I_{DS}: courant de saturation inverse. Ce courant est dû au porteur minoritaires ; e : charge de l'électron
$e = 1{,}6\ 10^{-19}$ Coulomb ; K : constante de Boltzman ; $K = 1{,}38\ 10^{-23}$; T : température en degrés Kelvin
A la température ambiante T = 25°C (KT/e) = 26 mV = $26\ 10^{-3}$V.

La représentation de la caractéristique de la diode dans le sens direct et dans le sens inverse est donnée par la figure 2.6.

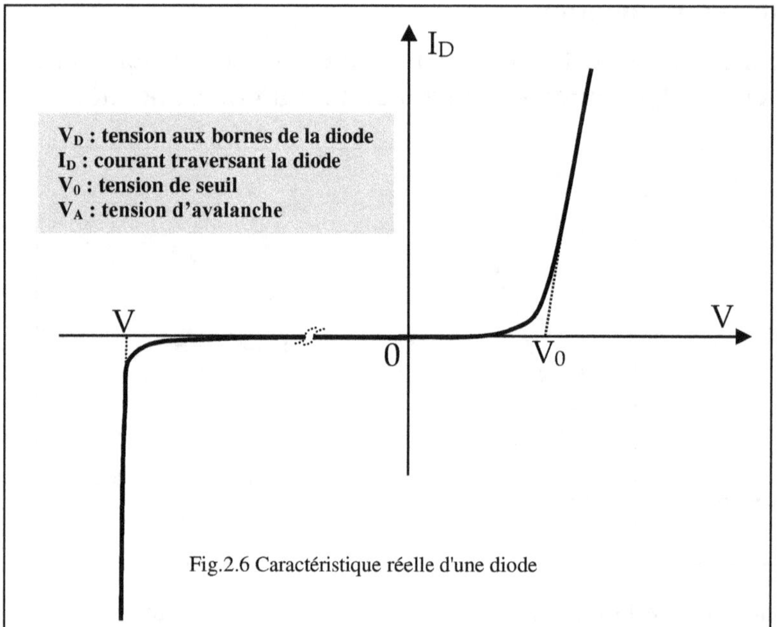

Fig.2.6 Caractéristique réelle d'une diode

Il faut constater que la caractéristique de la diode peut être scindée en plusieurs parties. Pour la caractéristique de la diode dans le sens direct on peut constater que tant que la tension V_D est inférieure à la tension de seuil, la caractéristique est une courbure. On est dans le domaine de la détection quadratique. La résistance que va présenter la diode va dépendre du point de fonctionnement qui est choisi ou fixé.

Quand la tension V_D est supérieure à la tension V_0, la caractéristique est proche d'une droite. C'est cette partie qui va être utilisée dans pratiquement toutes les applications qui sont présentées dans ce document.

La résistance dynamique R_d de la diode dans cette région a une valeur très faible (de l'ordre de quelques Ohms) et peut être calculée à l'aide de la relation :

$$\mathbf{R_d = \frac{\Delta V_D}{\Delta I_D}}$$

Pour la caractéristique dans le sens inverse, le courant qui circule, est dû au porteur minoritaire et est très faible (de l'ordre d'une dizaine de nanoampères). De ce fait la diode va présenter une résistance inverse très grande qui peut être considérée comme infinie. Cependant il faut constater que lors d'une polarisation inverse, il faut éviter d'appliquer une tension inverse qui se rapproche de la tension V_A de claquage de la diode qui pourrait détruire celle-ci. Les paramètres importants à ne pas dépasser pour une diode sont :

- Le courant direct maximal autorisé (donnée du constructeur).
- La tension inverse maximale admissible.
- La puissance dissipée dans le sens direct : $P_D = V_D.I_D$

2.2.5) Droite de charge et point de fonctionnement

Dans un circuit électronique, il est important d'avoir une connaissance sur la tension V_D appliquée à la diode et également le courant qui la traverse lorsque la diode est polarisée dans le sens direct. Pour cela, on fait appel à l'équation de la droite de charge qu'on obtient à partir du circuit de la figure 2.7.

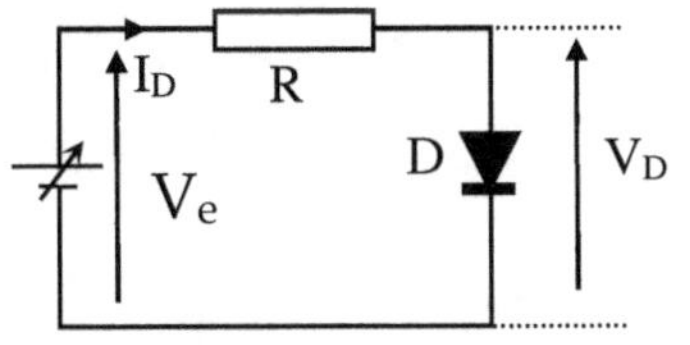

Fig.2.7. Circuit de base pour la définition de l'équation de la droite de charge

Au niveau de la maille du circuit de la figure 2.7, on peut écrire que :

$$\mathbf{V_e = R.I_D + V_D}$$

L'équation de la droite de charge :

$$\mathbf{I_D = \frac{V_e - V_D}{R}}$$

Si on considère que V_e et R sont des constantes, le tracé de I_D en fonction de la tension V_D aux bornes de la diode représente une droite à pente négative figure 2.8. C'est la droite de charge. Pour tracer cette droite, il suffit de voir qu'elle passe par les deux points A et B qui ont pour coordonnées respectives

$$A\begin{pmatrix} I_D = \dfrac{V_e}{R} \\ V_D = 0 \end{pmatrix} \quad \text{et} \quad B\begin{pmatrix} I_D = 0 \\ V_D = V_e \end{pmatrix}$$

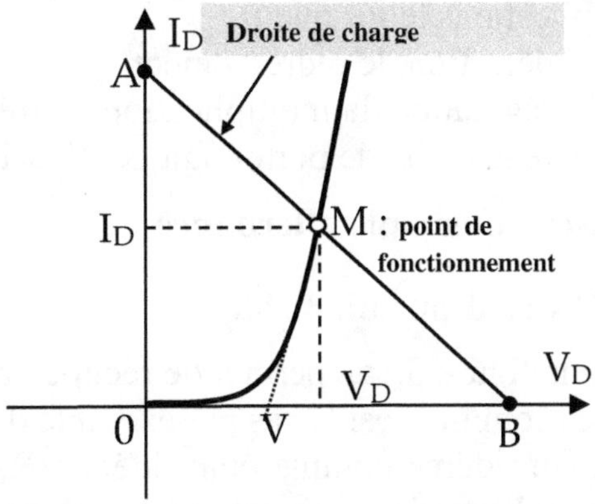

Fig.2.8. Droite de charge et point de Fonctionnement

L'intersection de cette droite de charge avec la caractéristique directe de la diode permet de définir le point de fonctionnement de la diode (point M).

Chapitre 3 - Applications de la diode

La diode est un composant électronique très intéressant. On peut l'employer dans une grande variété d'applications telles que :

- La détection, le redressement
- La régulation, la multiplication de fréquence
- La réalisation de porte logique, l'oscillation…

3.1) Redressement simple alternance

3.1.1) Cas d'une diode idéale

Le circuit de la figure 3.1a, permet de récupérer uniquement une seule alternance d'un signal bi-alternances comme c'est le cas par exemple du signal sinusoïdal (figure 3.1b). Pour l'étude, la diode est considérée comme étant idéale ($R_d = 0$; R_i infinie et $V_0 = 0$). Cette approche théorique simplificatrice permet une compréhension aisée et n'est pas éloignée du fonctionnement réel d'une diode comme on le verra dans l'approche expérimentale.

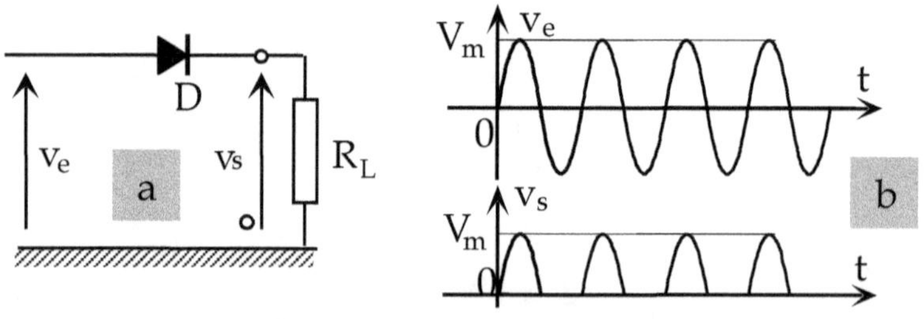

Fig. 3.1. Transformation d'un signal alternatif en un signal mono-alternance
(a) circuit de détection; (b) signaux mis en jeu cas où la diode est idéal (V_0 ; R_d=0 et $R_i \rightarrow \infty$).

Il faut rappeler que la diode ne laisse passer le courant que dans un seul sens. Lorsque la tension qui est appliquée sur son anode est supérieure à celle qui est appliquée sur la cathode, alors la diode est conductrice.

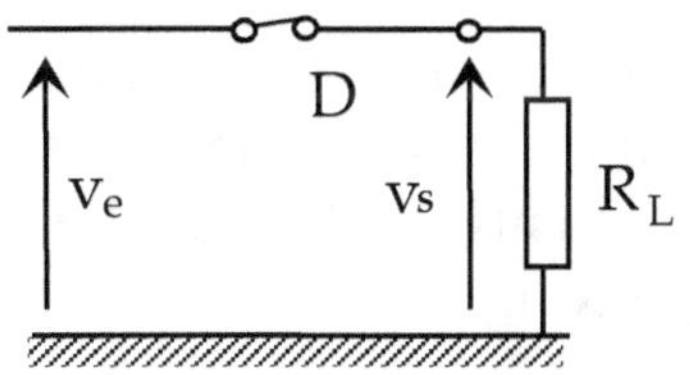

Fig. 3.2.Etat du circuit lorsque la diode est conductrice (cas de la diode idéale)

Lorsqu'on applique un signal sinusoïdal à l'entrée d'un circuit redresseur mono-alternance, dès que la tension à l'entrée est positive, la diode conduit et le circuit équivalent dans ces conditions est donné par le schéma de la figure 3.2. Dans ces conditions la tension de sortie est identique à la tension appliquée à l'entrée.

$$\mathbf{v_s = v_e}$$

Lorsque le signal appliqué à l'entrée est de polarité négative, la diode se bloque et le circuit équivalent au circuit de redressement est donné par la figure 3.3. On constate que la résistance de charge R_L n'est parcourue par aucun courant :

$$\mathbf{vs = 0}$$

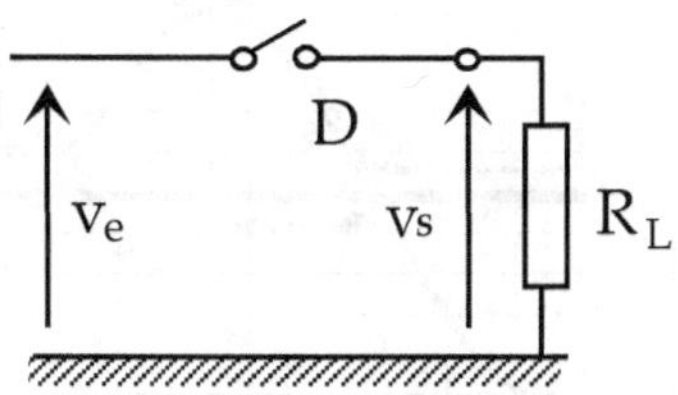

Fig. 3.3.Etat du circuit lorsque la diode est bloquée

3.1.2) Cas d'une diode réelle

Une diode réelle présente une résistance dynamique R_d de conduction. Cependant cette résistance peut être négligée en faisant un choix approprié de la résistance de charge R_L.
La résistance inverse peut ne pas être également prise en considération en considérant que sa valeur est très élevée par rapport à la résistance de charge. Reste la tension de seuil ou la barrière de potentiel, qu'on ne peut pas négliger surtout lorsqu'on est en présence de signaux de faibles niveaux à l'entrée.
Ainsi, on peut donner un schéma équivalent de la diode comme l'indique la figure 3.4a (diode polarisée dans le sens direct) et la figure 3.4b (diode polarisée dans le sens inverse).

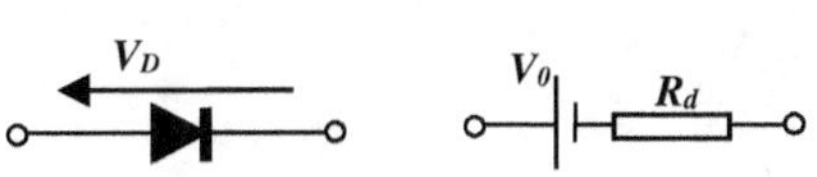

Fig.3.4a. Schéma équivalent d'une diode polarisée dans le sens direct $V_D>0$

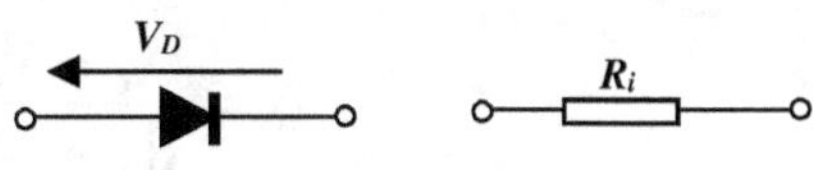

Fig.3.4b. Schéma équivalent d'une diode polarisée dans le sens inverse $V_D<0$

Lorsqu'on reprend le circuit de redressement mono-alternance et on l'expérimente pour voir la conformité du signal réellement obtenu (figure 3.5) avec le signal obtenu après l'analyse théorique faite autour d'une diode considérée idéale, on va faire ressortir les éléments de différences. On constate une légère différence au niveau du signal de sortie. Cette différence peut s'expliquer comme suit :

a) La diode est polarisée dans le sens direct

La diode dans le sens direct est équivalente à une source de tension V_0 en série avec une résistance R_d. De ce fait, le circuit de détection lorsque la diode est passante, est schématisé à la figure 3.6. L'écriture de l'équation régissant les tensions au niveau de la maille donne :

$$\mathbf{v_e = V_0 + R_d.i_D + v_S \quad \text{et} \quad v_S = R_L i_D}$$

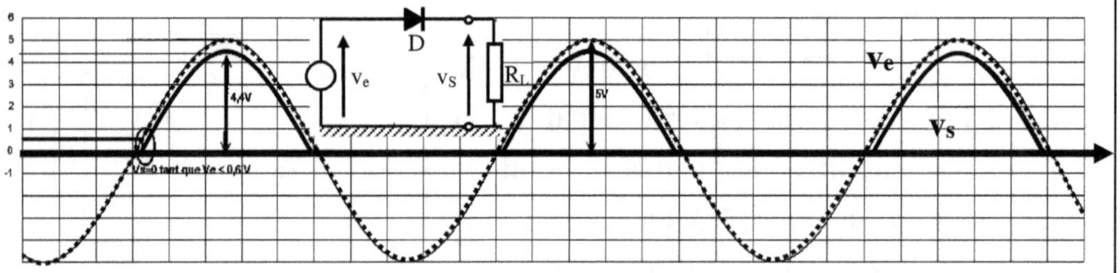

Fig.3.5. Redressement d'un signal sinusoïdal, utilisation d'une diode réelle

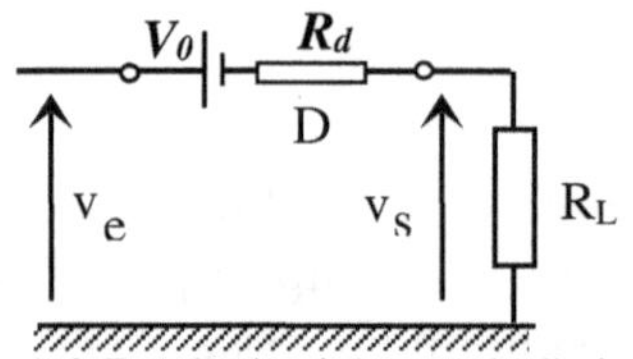

Fig. 3.6 .Etat du circuit lorsque la diode est conductrice (cas de la diode réelle)

Il faut rappeler que la résistance dynamique R_d de la diode est très faible, elle est de l'ordre de quelques dizaines d'ohms. La résistance R_L est égale dans le cas présent à 10KΩ ($R_L >> R_d$, >> très grand). L'expression du courant i_D en fonction de la tension d'entrée est donnée par :

$$\mathbf{i_D = \frac{v_e - V_0}{R_L + R_d} \cong \frac{v_e - V_0}{R_L}}$$

Dans ces conditions lorsque la diode conduit, la tension de sortie est définie par :

$$\mathbf{v_S = v_e - V_0}$$

La tension de sortie v_s ne va exister que lorsque $v_e > V_0$.

Lorsque $v_e = V_m$, $v_s = V_m - V_0$. On retrouve bien ces résultats sur les signaux obtenus expérimentalement (figure 3.5).

Lorsque v_e = 5V, on retrouve v_s = 4,4 V (une diminution de l'ordre de V_0 = 0,6V : barrière de potentiel dans une diode à jonction PN au silicium).

b) La diode est polarisée dans le sens inverse

Lorsque la diode est polarisée dans le sens inverse, elle est équivalente à sa résistance inverse. Dans ces conditions, le schéma relatif au redressement simple alternance est représenté à la figure 3.7.

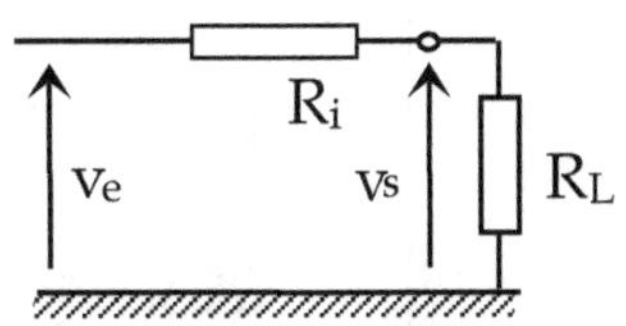

Fig. 3.7. Etat du circuit lorsque la diode est bloquée (diode réelle)

$$\mathbf{v_S = \frac{v_e.R_L}{R_L + R_i}}$$

Comme R_i est très élevée, on peut considérer que

$$\mathbf{R_i >> R_L \text{ et } v_s \cong 0}$$

3.2) Redressement double alternances

3.2.1) Principe

Le circuit de redressement double alternances (figure 3.8) utilise un pont à diodes. L'application d'une tension sinusoïdale à l'entrée du dispositif de redressement permet d'obtenir un signal ou l'alternance positive est restituée telle quelle, alors que la polarité de l'alternance négative est inversée.
Pour simplifier, on considère qu'on est en présence de diodes idéales (la tension de seuil et la résistance dynamique sont considérées comme nulles, la résistance inverse est considérée infinie).

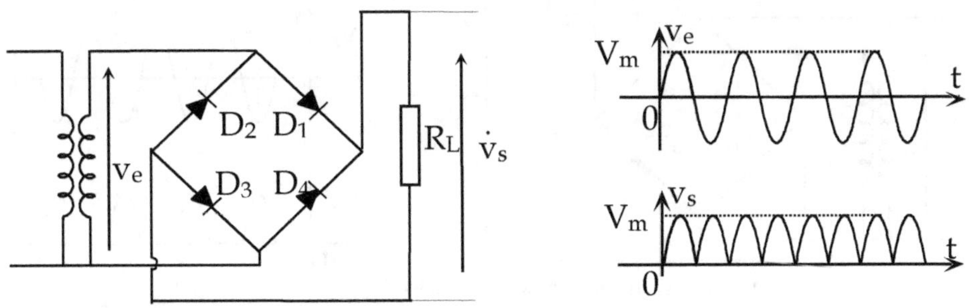

Fig.3.8 Circuit de redressement double alternances

3.2.2) Fonctionnement

a) cas ou: $v_e > 0$

Au départ la tension de sortie est nulle. Lorsque la tension d'entrée est positive, les deux diodes D_1 et D_3 conduisent.
Les diodes D_2 et D_4 sont bloquées. Le schéma équivalent du circuit de redressement double alternances peut être dans ces conditions représenté par la figure 3.9.

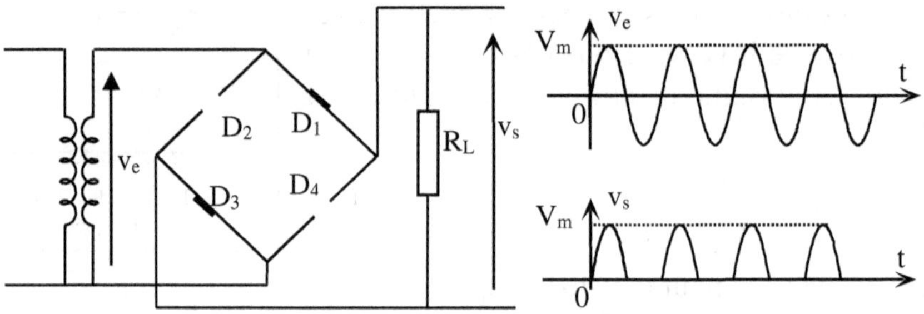

Fig.3.9. Restitution de l'alternance positive à la sortie

De ce fait, l'alternance positive est restituée à la sortie. On peut constater sans grande difficulté que lorsque la tension d'entrée est positive, on a :

$$v_s = v_e$$

b) cas ou : $v_e < 0$

A l'arrivée de l'alternance négative de v_e, les deux diodes D_1 et D_3 se bloquent et les diodes D_2 et D_4 conduisent figure 3.10. On constate dans ces conditions que :

$$v_s = -v_e$$

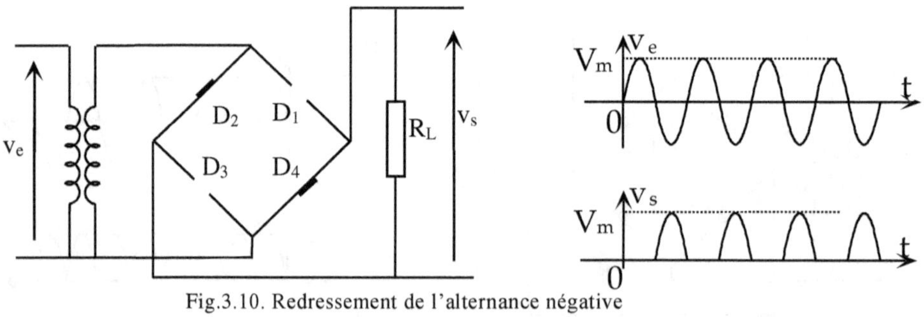

Fig.3.10. Redressement de l'alternance négative

En résumé:

Comme les diodes D_1, D_2, D_3 et D_4 travaillent simultanément, on obtient donc en sortie un redressement double alternances. Ce qui nous donne dans le cas idéal :

$$\left.\begin{array}{ll} v_e > 0 & v_S = v_e \\ v_e < 0 & v_S = -v_e \end{array}\right. \Rightarrow \quad v_s = |v_e|$$

3.2.3) Travail expérimental

La figure 3.11a reproduit le circuit de redressement double alternance en fonctionnement réel. Les signaux d'entrée et de sortie sont représentés en même temps (figure 3.11b).

On constate que le signal de sortie est légèrement différent de celui obtenu théoriquement surtout du point de vue amplitude. Cela provient du fait qu'en théorie on idéalise la diode et on considère que la tension relative au seuil de conduction est nulle. Ce qui n'est pas vrai dans la réalité.

On constate que l'amplitude des alternances du signal obtenu dans le cas expérimental est inférieure de 1,2 volts par rapport à l'amplitude des alternances du signal d'entrée. Cela est dû au fait, que les diodes travaillent par deux.

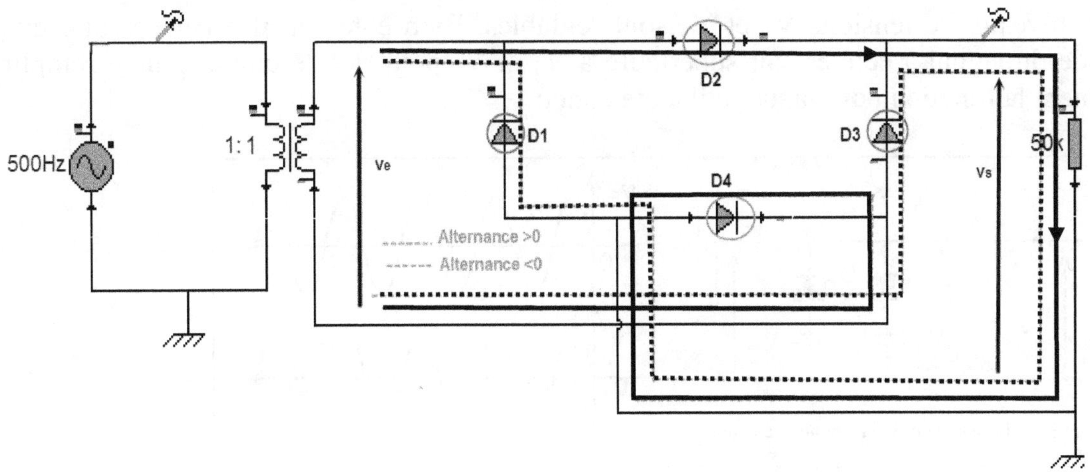

Fig.3.11a. Expérimentation sur le circuit de redressement double alternance dans le cas réel.

A chaque fois, il y a une chute de potentiel de l'ordre de deux fois la tension de seuil des diodes qui constituent le pont de redressement double alternance.

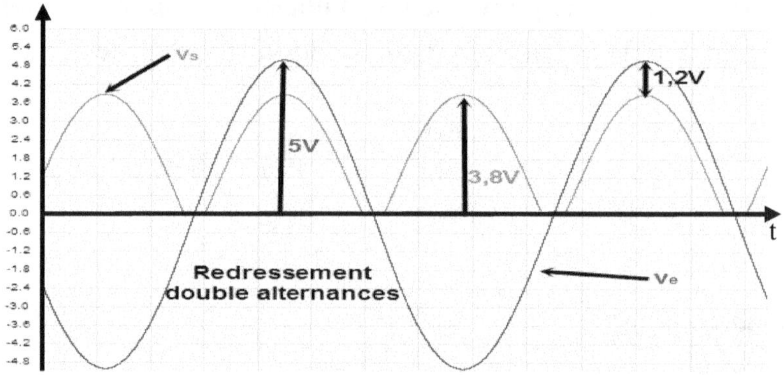

Fig.3.11b. Etat des signaux dans un circuit de redressement double alternance dans le cas réel.

3.3) Ecrêtage

3.3.1) Principe et approche théorique

Lorsqu'on souhaite éliminer une partie d'un signal, la diode est un composant capable de répondre à ce besoin spécifique. Lorsqu'on on veut écrêter par exemple un signal sinusoïdal à un niveau donné, on peut employer le circuit de la figure 3.12.

Les deux niveaux de tensions V_1 et V_2 sont réglables. Bien entendu, il est nécessaire que l'amplitude du signal à écrêter soit supérieure à V_1 et V_2 pour que le circuit puisse remplir correctement la fonction pour laquelle il a été conçu.

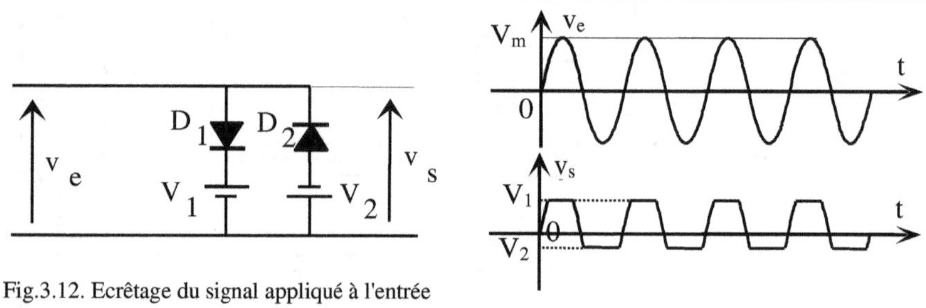

Fig.3.12. Ecrêtage du signal appliqué à l'entrée

3.3.2) L'écrêtage en pratique

Dans l'approche théorique, les diodes sont considérées comme étant idéales. Ce qui n'est pas le cas dans le cas réel pratique. Il faut tenir compte de la barrière de potentiel et éventuellement de la résistance de conduction et de blocage.
Comme cela a été exposé précédemment, la résistance de conduction et de blocage des diodes ne posent pas un problème insurmontable. Cependant la tension de seuil reste un paramètre dont il faut absolument tenir compte. On reprend le même schéma que celui qui est exposé dans l'approche théorique (figure 3.13) avec les données suivantes : $V_1 = 2V$, $V_2 = -1V$ et $v_e = 4.\sin(2\pi ft)$.

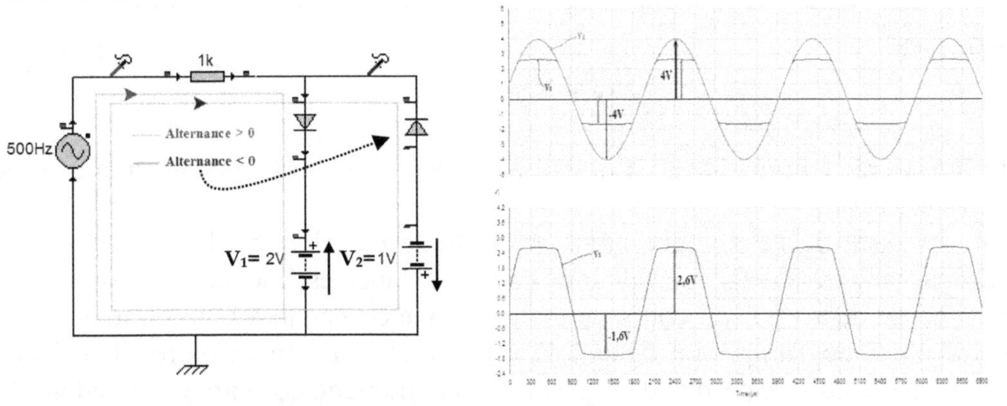

Fig.3.13. Expérimentation d'un écrêteur (cas réel)

On constate que l'écrêtage ne s'effectue pas exactement à 2V et à -1V mais plutôt à 2,6V et -1,6V. Ceci est dû au fait que lorsque la diode conduit, elle va introduire une tension de seuil égale à 0,6V. D'où cette différence avec l'approche théorique.

3.4) Détecteur de crête

3.4.1) Approche théorique

Pour pouvoir détecter la valeur maximale d'un signal alternatif, le circuit de la figure 3.14 peut répondre de façon satisfaisante à ce besoin. Pour simplifier la compréhension, le signal d'entrée est choisi comme étant un signal sinusoïdal :

$$v_e = V_m.\sin(\omega t)$$

Au cours de l'alternance positive, la diode est en état de conduction. Le condensateur C va se charger très rapidement à travers la résistance dynamique de la diode à la valeur crête V_m.

La charge est pratiquement instantanée car la résistance dynamique de la diode est considérée comme pratiquement nulle.

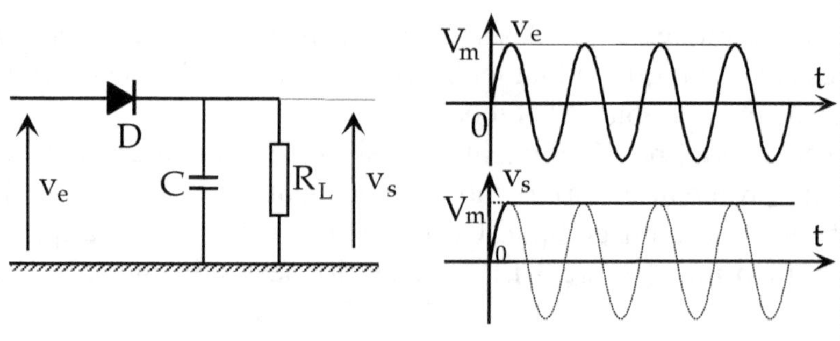

Fig.3.14. Détecteur crête et signaux mis en œuvre

On obtient en sortie :

$$\mathbf{v_S = V_m}$$

La diode a été considérée comme idéale. En réalité on obtient en sortie une tension continue, légèrement inférieure à V_m.

Au cours de la présence de l'alternance négative la diode est bloquée, le condensateur va essayer de se décharger à travers R_L. La valeur de cette résistance est choisie élevée pour éviter au condensateur de se décharger au cours de cette alternance négative. On obtient ainsi en sortie une tension continue d'amplitude égale à la valeur crête du signal d'entrée. L'arrivée de la deuxième alternance positive permet de régénérer le phénomène de charge du condensateur et compenser l'éventuelle décharge partielle qui peut exister.

Lorsqu'on désire détecter la valeur crête d'un signal qui possède une amplitude constante, Il faudrait que la constante de temps de décharge ($\tau_d = R_L C$) soit très élevée par rapport à la période du signal d'entrée.

Cependant cette constante de temps, si elle est trop élevée et que l'amplitude du signal à l'entrée diminue, le circuit risque de ne pas suivre ce changement et la détection sera erronée.

Une constante de temps trop faible ne va pas permettre la détection crête du signal à l'entrée. On va avoir des ondulations liées à la décharge et à la charge du condensateur C respectivement à travers la résistance de charge R_L et la résistance dynamique de la diode.

De ce fait un compromis doit être fait sur la constante de décharge du condensateur comme on le verra dans la partie expérimentation qui va suivre. De plus dans la pratique, il y a lieu de tenir compte du seuil de conduction de la diode.

3.4.2) Expérimentation du circuit de détection crête

Le circuit de détection crête qui est expérimenté est schématisé à la figure 3.15a. Les signaux mis en œuvre en entrée et en sortie sont schématisés à la figure 3.15b. Il y a lieu de constater que la tension qui est détectée à la sortie ne représente pas réellement la tension crête du signal qui est appliqué à l'entrée.

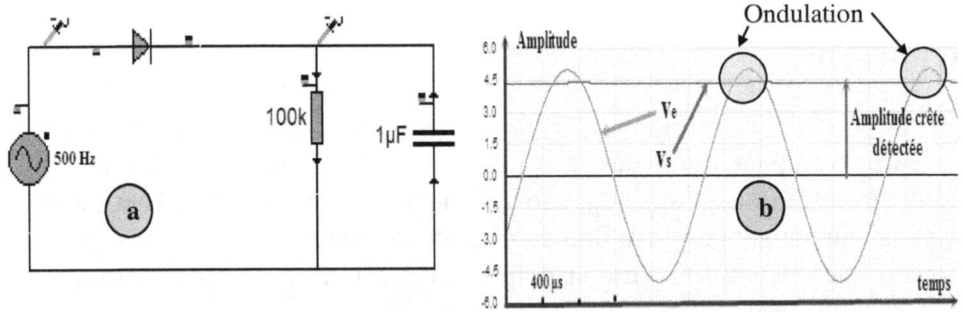

Fig.3.15 (a) circuit de détection crête ; (b) Les différents signaux mis

Cette différence s'explique par le fait que la diode possède un seuil de conduction qui est de l'ordre de 0,6V. Cette chute de potentiel se retrouve au niveau du signal de sortie puisque l'amplitude de la tension de sortie est : $v_s = V_m - 0{,}6 = 4{,}4V$ (V_m : amplitude crête du signal d'entrée).On remarque également la présence d'une légère ondulation négligeable sur la tension de sortie. Cela est lié à la constante de décharge du circuit RC. Lorsque la constante de décharge ($\tau_d = RC$) est de l'ordre de la période du signal appliqué à l'entrée, on note la présence d'une ondulation non négligeable sur le signal qu'on récupère à la sortie (figure 3.16).

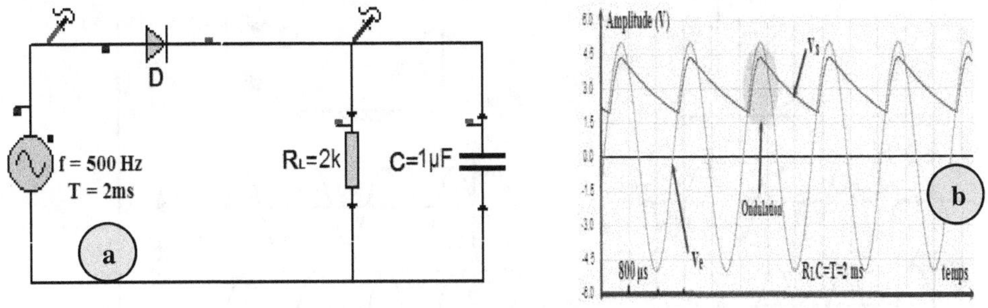

Fig.3.16. (a) Circuit de détection ; (b) signaux mis en œuvre et présence d'une ondulation lorsque $\tau_d = R_L C = T = 2ms$

Pour éviter ce problème d'ondulation et récupérer une tension continue dont l'amplitude est proche de la valeur crête du signal d'entrée, on a tendance à penser à augmenter de façon exagérée la constante de temps τ_d.

Cela risque de poser un autre problème lorsque l'amplitude du signal d'entrée diminue, le condensateur ne peut évacuer rapidement la tension antécédente qui était à ses bornes et la tension détectée en sortie risque d'être erronée. Il y a donc nécessité d'adopter un compromis pour la constante de décharge τ_d. Une constante de temps τ_d = 50T (T période du signal appliqué à l'entrée) serait un bon compromis.

3.5) Circuits de restauration

3.5.1) Principe

Par l'utilisation des circuits de la figure 3.17, on peut rajouter artificiellement des composantes continues positives ou négatives à des signaux alternatifs. Pour simplifier l'explication du fonctionnement de ces circuits, on suppose que le signal appliqué à l'entrée est de type sinusoïdal et sa valeur moyenne est nulle.Les circuits de restauration de composante positive et négative fonctionnent selon le même principe. A cet effet, on ne présentera que l'étude du fonctionnement de l'un d'eux.

3.5.2) Fonctionnement

On ne considère que le circuit relatif à la restauration de la composante positive. Le signal appliqué à l'entrée est de type sinusoïdal: $\mathbf{v_e = V_m.sin(\omega t).}$

Lorsque la tension v_e est négative, la diode est dans un état de conduction. On peut l'assimiler par souci de simplification à un court-circuit comme l'indique le circuit de la figure 3.18b.

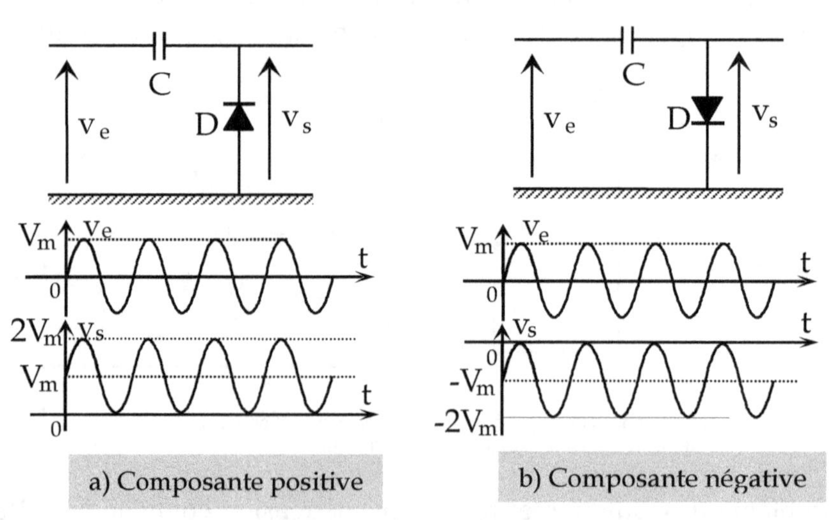

Fig.3.17. Circuits de restauration de la composante continue

Lorsque la tension v_e est négative, la diode est dans un état de conduction. On peut l'assimiler par souci de simplification à un court-circuit comme l'indique le circuit de la figure 3.18b.

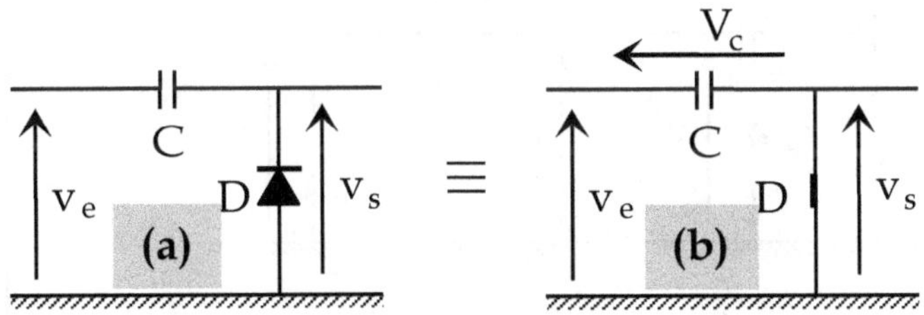

Fig.3.18. Circuit de restauration équivalent (b) lorsque la tension appliquée à l'entrée est négative ($v_e < 0$)

$v_e < 0$:

$$v_S = 0$$

$$v_e = V_C + v_S = V_C$$

$$v_S = v_e - V_C$$

Le condensateur C va se charger à la valeur crête V_m :

$$(V_c = -V_m).$$

Lorsque la tension v_e devient légèrement supérieure à la valeur crête $-V_m$, la tension qui est appliquée sur l'anode de la diode (zéro volt) est inférieure à celle qui est appliquée sur sa cathode ($v_e + V_m$: valeur positive).

La diode se trouve donc bloquée. A ce moment, le circuit de restauration équivalent est schématisé par la figure 3.19a.
On peut alors écrire dans ces conditions:

$$v_S = v_e - V_C$$

$$V_C = -V_m$$

$$v_S = v_e + V_m$$

On constate ainsi que le signal de sortie n'est autre que le signal appliqué à l'entrée, auquel on a rajouté une tension continue d'amplitude égale à V_m (voir la figure 3.19b).

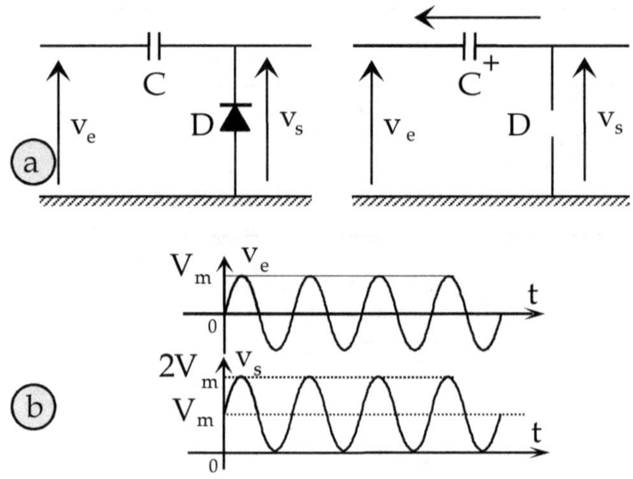

Fig.3.19. (a) Circuit de restauration équivalent lorsque le condensateur s'est chargé à la tension -V_m
(b) Signal de sortie en correspondance avec le signal appliqué à l'entrée

3.5.2) Expérimentation du circuit de restauration

On ne va traiter que l'aspect pratique relatif à la restauration de la composante continue positive. Le traitement de la restitution de la composante négative reste similaire.
Dans ce contexte, il y a lieu de tenir compte du problème relatif à la barrière de potentiel de la diode. Ainsi le circuit pratique qui permet de restaurer la composante continue positive et les différents signaux mis en jeu sont schématisés à la figure 3.20.

On constate une légère différence avec ce qui a été avancé dans l'approche théorique pour le signal récupéré à la sortie. Il y a eu certes la restauration d'une composante continue mais son amplitude n'est pas la valeur crête (V_m) du signal appliquée à l'entrée. La diode présente un seuil de conduction égal à V_0. La composante continue restaurée est égale à :

$$\mathbf{V_m - V_0.}$$

De ce fait l'expression qui définit la tension de sortie est donnée par :

$$\mathbf{v_S = v_e + V_m - V_0}$$

Ce qui explique la partie négative du signal de sortie qui a une l'amplitude égale à V_0.

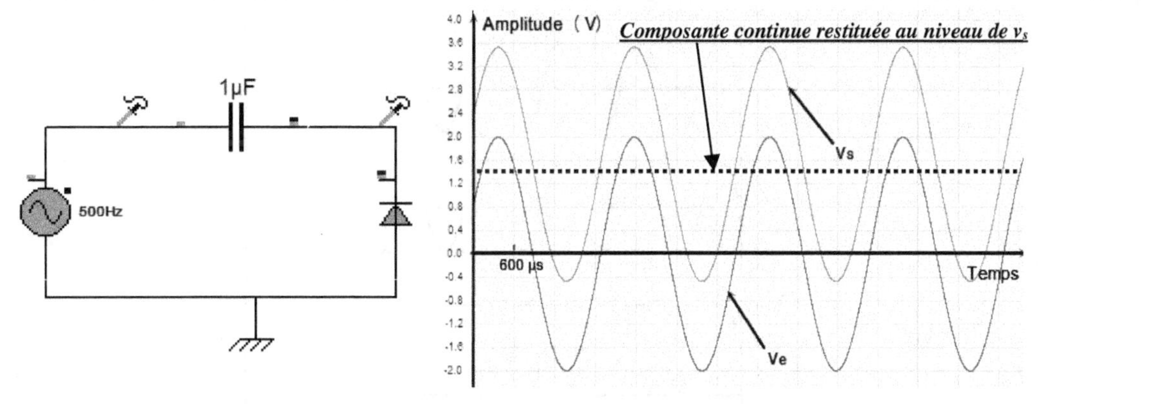

Fig.3.20. Circuit de restauration et signaux réels mis en jeux

3.6) Détecteur crête à crête

3.6.1) Etude théorique de la détection crête à crête

La diode combinée à certains composants passifs permet de réaliser des fonctionnalités telles que le détecteur crête à crête schématisé à la figure 3.21. L'adjonction d'un circuit de restauration de composante continue et d'un détecteur crête permet d'arriver à ce résultat.
L'explication du fonctionnement de ce circuit peut s'établir comme suit :
Lors de l'alternance négative de la tension d'entrée, la diode D_1 conduit et le condensateur C_1 se charge instantanément jusqu'à la tension crête $-V_m$ (comme cela a été décrit dans le cas du circuit de restauration de la composante positive).

$$\mathbf{v_{C1} = -V_m}$$

Au cours de l'alternance positive, la diode D_2 conduit et le condensateur C_2 se charge à la tension $v_1 = V_m + v_e(t)$ en un temps correspondant à la constante de temps du circuit de charge.
Après plusieurs cycles, la tension de sortie se stabilise à:

$$\mathbf{v_s = V_m + V_m = 2V_m}$$

$2V_m$ étant l'amplitude crête à crête

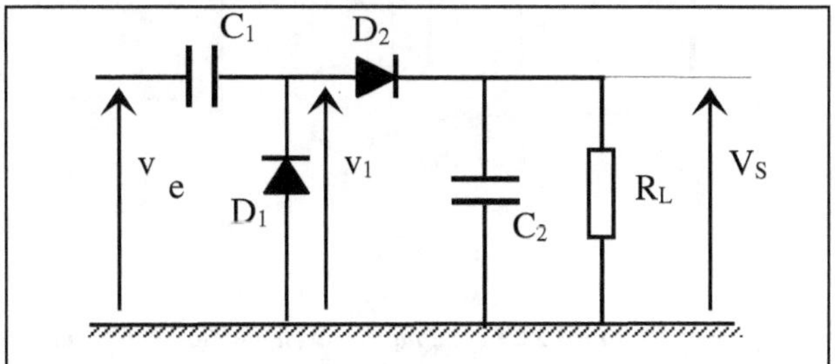

Fig.3.21. Circuit de détection crête à crête

Les différents signaux mis en jeu dans le cadre de ce circuit sont schématisés à la figure 3.22.

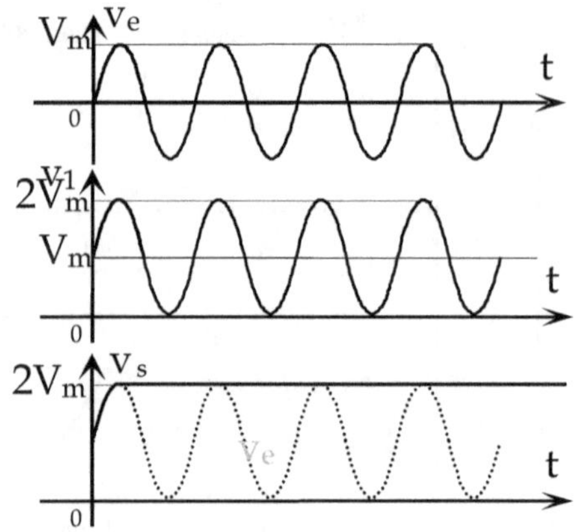

Fig .3.22. Les signaux mis en jeu dans le détecteur crête à crête

3.6.2) Expérimentation de la détection crête à crête

La mise en pratique du circuit de détection crête à crête (figure 3.23a), permet d'aboutir aux signaux schématisés à la figure 3.23b. On constate que le résultat expérimental est légèrement différent de l'approche théorique. En effet dans l'approche théorique on n'a pas tenu compte des seuils de conduction des deux diodes qui vont intervenir dans l'aspect pratique.
La valeur du signal de sortie est bien la valeur crête à crête du signal d'entrée diminuée des seuils des deux diode qui interviennent dans le circuit.

$$V_S = 2V_m - 2V_0$$

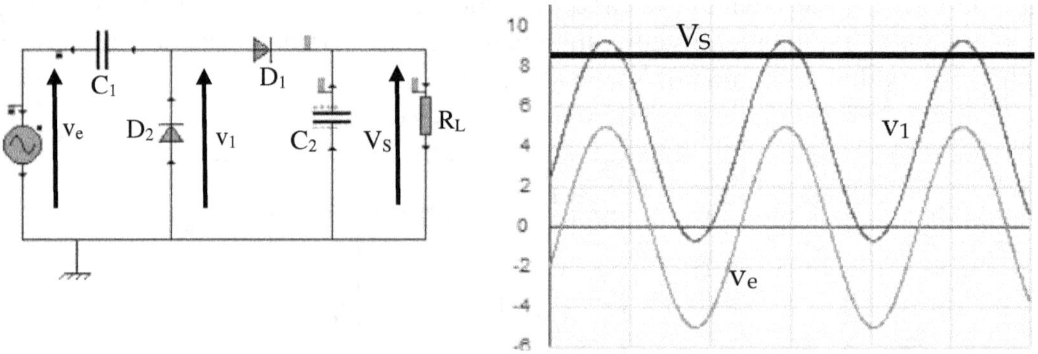

Fig .3.23. Les signaux mis en jeu dans l'expérimentation du détecteur crête à crête

Chapitre 4 – Les diodes spéciales

Il existe d'autres types de diodes qui sont utilisées soit pour les mêmes fonctions soit pour d'autres telles que :

- La régulation, l'oscillation, les circuits d'accord,

4.1) Diodes Zener

La représentation électrique d'une diode Zener (figure 4.1) est légèrement différente d'une diode normale. Lorsqu'une diode Zener est polarisée en direct, elle se comporte comme une diode normale.

Fig.4.1. Schéma électrique d'une diode Zener

L'intérêt d'une diode Zener réside dans le fait quand elle branché en sens inverse. Lorsque la tension appliquée à une diode Zener dépasse la tension de claquage, la diode Zener devient conductrice et la tension à ses bornes est égale à la tension de claquage (figure 4.2).

Quand on parle normalement de claquage, cela sous-entend que la diode est détruite. Cela n'est pas le cas pour une diode Zener ou le calquage est contrôlé. Le phénomène de claquage par effet Zener (effet de champ ou d'avalanche) pour ce type de diodes n'est pas destructif.

En polarisation inverse, on constate qu'au niveau de la tension Zener (après claquage de la jonction), il n'existe plus de dépendance entre le courant et la tension appliquée à la jonction. La tension reste sensiblement constante et égale à la tension Zener.

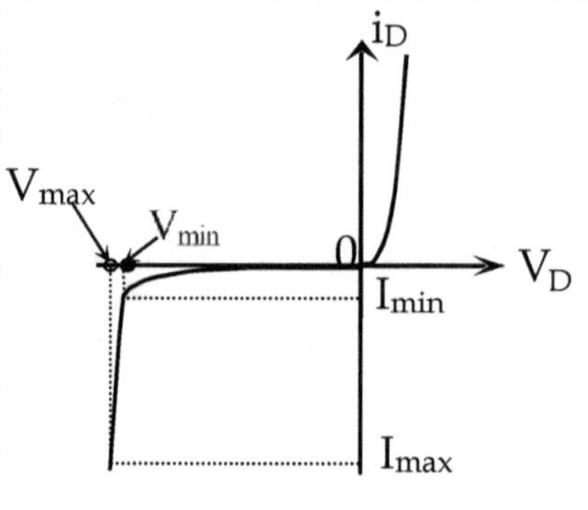

Fig.4.2. Caractéristique d'une diode zener.

La tension inverse aux bornes de la diode, dans la zone de claquage varie peu. A cet effet, on peut écrire que la tension Zener V_z est :

$$\mathbf{V_z \cong V_{max} \cong V_{min}.}$$

I_{min} est l'intensité au-dessous de laquelle la tension n'est plus stabilisée. I_{max} est l'intensité maximale que peut supporter la diode avant sa destruction.

L'inclinaison de la caractéristique de la diode Zener dans la région de claquage est en relation avec la résistance présentée par la diode Zener dans sa zone de fonctionnement. Plus cette résistance est faible, plus le rôle de stabilisation de la diode est assuré. La relation qui définit la résistance différentielle de la diode Zener est donnée par :

$$\mathbf{r_z = \frac{\Delta V_D}{\Delta i_D} = \frac{V_{max} - V_{min}}{I_{max} - I_{min}}}$$

La valeur de r_z est en général de l'ordre de quelques ohms.

On trouve trois catégories de diodes Zener :

- diodes basse tension [< 5 Volts], le claquage est obtenu par effet de champ.
- diodes moyenne tension [de 5V à 7V], le claquage est obtenu par la combinaison des effets de champ et d'avalanche.
- diodes haute tension [> 7 Volts]. Le claquage obtenu par effet d'avalanche.

Les diodes Zener peuvent être utilisées dans :

- les alimentations stabilisées
- les sources de tensions de références
- la protection des circuits etc...

Ainsi lorsqu'on dispose d'une alimentation qui délivre une tension qui oscille entre par exemple 22 et 24 volts et on a besoin uniquement d'une tension stable de l'ordre de 5,6 Volts, il suffit d'utiliser le circuit de la figure 4.3.

La diode Zener permet de fixer la tension de sortie à la valeur souhaitée. Il est important de noter que pour arriver à réguler une tension par l'emploi d'une diode Zener, la tension appliquée à l'entrée doit être supérieure à la tension Zener.

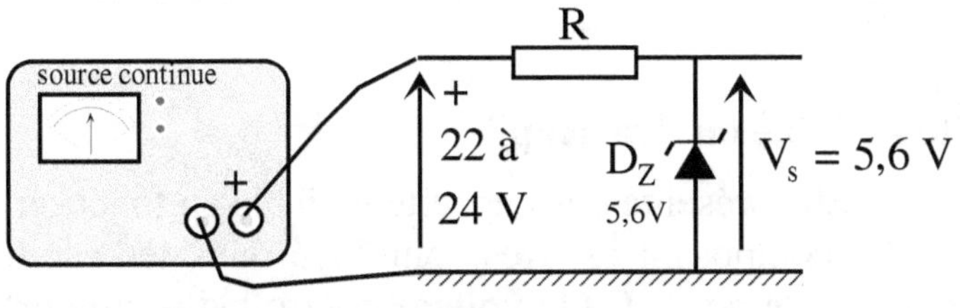

Fig.4.3. Stabilisation de la tension de sortie à 5,6 volts

4.2) Diodes tunnel

Ce sont des diodes à semi-conducteur fortement dopé. La caractéristique directe d'une diode tunnel (figure 4.4) montre une plage (zone grisée) ou la résistance présentée par cette diode est négative.

Cet effet remarquable, permet d'utiliser la diode tunnel plus particulièrement dans les circuits oscillateurs comme élément actif. Ces diodes doivent impérativement travailler à bas niveau.

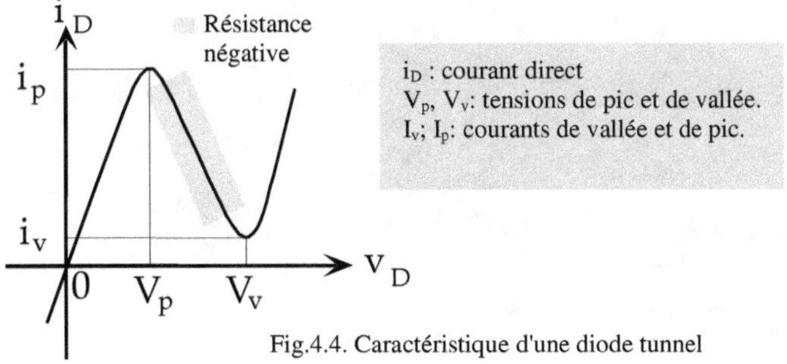

Fig.4.4. Caractéristique d'une diode tunnel

Le schéma équivalent le plus simple de la diode tunnel en conduction négative est donné par la figure 4.5.

R_j : résistance négative de la diode tunnel

Fig.4.5. Diode Tunnel : Schéma électrique et schéma équivalent

4.3) Diodes à capacité variable ou "varicap"

C'est une diode à jonction. Elle présente une capacité variable en fonction de la tension inverse qui lui est appliquée. Ce composant est très employé dans les oscillateurs à fréquence contrôlée par une tension externe (V.C.O : voltage controlled oscillator).

La représentation électrique et le schéma équivalent d'une diode varicap sont donnés par la figure 4.6.

C_j : capacité de jonction de la diode Varicap

Fig.4.6. Diode Varicap : schémas électrique et schéma équivalent

La valeur de la capacité C_j dépend de la tension inverse ($V_R = V_B - V_A$) appliquée :

$$\mathbf{C_j = \frac{C_{j0}}{\left(1+\frac{V_R}{V_0}\right)^n}}$$

C_{j0}: capacité de la jonction sans tension extérieure.
$V_0 \cong 0{,}6V$ (pour le silicium).
n : constante qui dépend du procédé de fabrication de la diode.
n = 0,36 (diodes à diffusion)
n = 0,50 (diodes planars)
n > 0,50 (diodes obtenues par des procédés spéciaux de diffusion)

4.4. Diodes électroluminescentes (LED)

L'abréviation LED (LED : **L**ight **E**mitting **D**iode) est fréquemment employée pour parler des diodes électroluminescentes. Une diode électroluminescente peut-être schématisée à l'aide de la figure 4.7.

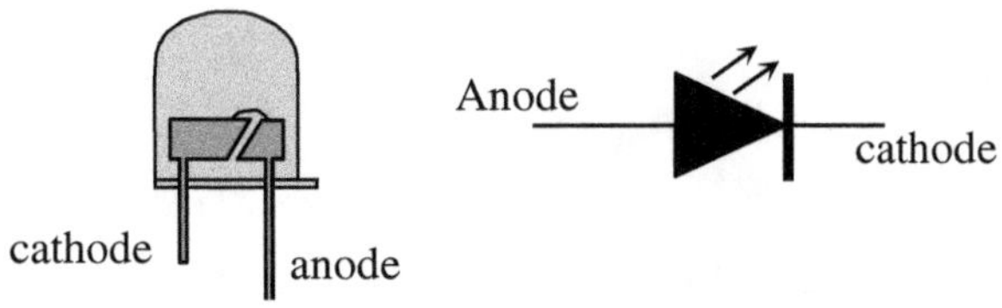

Fig.4.7. Schémas d'une diode électroluminescente

Ces diodes « LED » ont la propriété lorsqu'elles sont polarisées dans le sens passant (tension de l'anode supérieure à la tension de la cathode) d'émettre un rayonnement visible. Ce rayonnement peut avoir différentes couleurs : rouge, verte, jaune, bleue ou blanche…
La caractéristique directe d'une diode « LED » figure 4.8 ressemble à celle d'une diode classique à jonction PN. La différence essentielle réside dans la valeur de la tension de seuil.

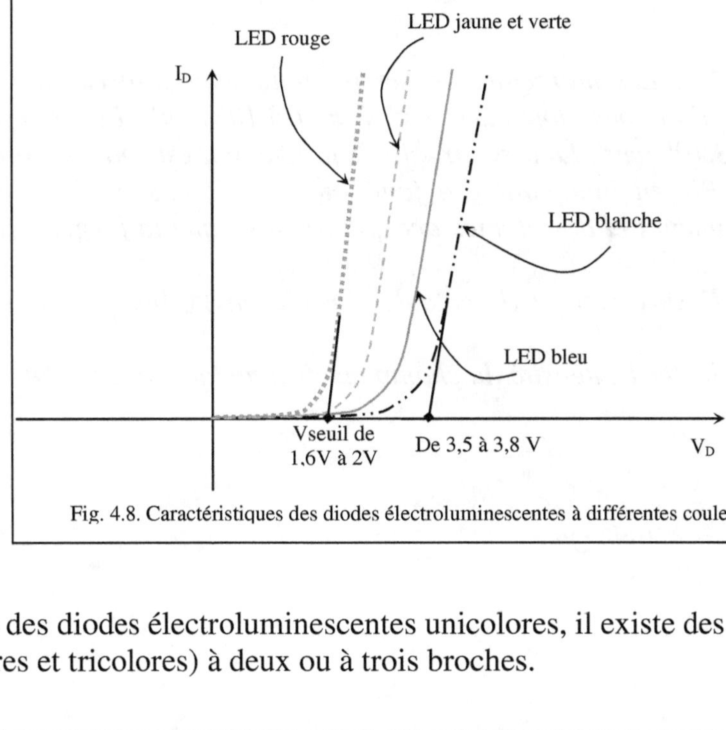

Fig. 4.8. Caractéristiques des diodes électroluminescentes à différentes couleurs

En plus des diodes électroluminescentes unicolores, il existe des diodes multicolores (bicolores et tricolores) à deux ou à trois broches.

Exercices avec solutions

Partie 1 : Exercices

Exercice 1

On considère une jonction PN. Les morceaux de semi-conducteurs utilisés sont de type silicium. La concentration d'atomes donneurs est $N_D = 1{,}3.10^{17}/cm^3$. La concentration d'atomes accepteurs $N_A = 8{,}33.10^{13}/cm^3$. La largeur «d» de la jonction est égale à $2\mu m$.

1°) Dessiner cette jonction PN en indiquant : la jonction, les régions ou se trouvent la concentration des atomes donneurs et des atomes accepteurs ainsi que la largeur «d» de la zone de charge d'espace.

2°) On demande de donner l'expression et de calculer la tension V_0 liée à la barrière de potentiel de la jonction

3°) Donner l'expression et calculer l'intensité du champ électrique dans la jonction.

On donne

$$: \mathbf{d} = \sqrt{\frac{2\boldsymbol{\varepsilon}_0\boldsymbol{\varepsilon}_r\mathbf{V}_0}{\mathbf{q}}\left(\frac{1}{\mathbf{N}_A} - \frac{1}{\mathbf{N}_D}\right)} \; ;$$

q : charge de l'électron ; $q = 1{,}6.10^{-19}$ C ;

$\varepsilon_0 = 8{,}85.10^{-12}$ F/m ; $\varepsilon_r = 12$ (Silicium)

Exercice 2

On considère une jonction PN au silicium polarisée en direct. La caractéristique directe de cette jonction obéit à l'équation : $\mathbf{I_D} = \mathbf{I_{S0}}\left[\mathbf{e}^{\frac{V_D}{V_{T0}}} - 1\right]$ *;* $V_{T0} = 26mV$ *à T=300°K*

A $T_1 = 350°K$ *on a* $V_D = 0{,}3V$, $I_D = 20\ mA$, *on demande de :*
1) Calculer V_{T1}.
2) Calculer le courant de saturation inverse I_{S1}. *Comparer* I_{S1} *a* I_D *– Conclusion ?*
3) Sachant qu'on peut écrire $\mathbf{I_S} = \mathbf{I_{S0}}\left[\mathbf{e}^{a(T-T_0)}\right]$ *avec a = 0,06 pour le semi-conducteur utilisé, calculer le courant de saturation inverse* I_{S0} *pour une température* $T_0 = 300°K$. *Comparer* I_{S1} *et* I_{S0}.
4) Calculer la variation de température ΔT *en °C pour que le courant de saturation inverse* I_S *double de valeur.*

Exercice 3

On considère le circuit de la figure 3. Dans un premier temps, on considère que la diode est idéale.
1°) Le signal à l'entrée est : $Ve = 4\sin(2\pi ft)$. *Donner les expressions et les représentations de* V_A *et de Vs.*
2°) La diode cette fois-ci présente un seuil égal à 0,6V. mêmes questions qu'en 1°).
3°) Tracer l'évolution de Vs en fonction de Ve pour les 2 cas (Diode sans seuil et diode avec seuil).

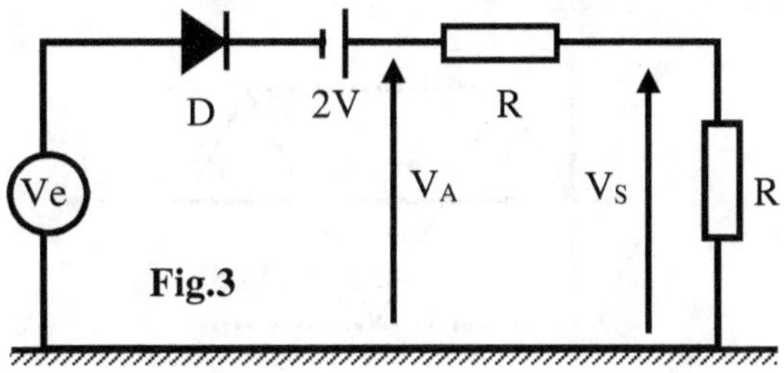

Exercice 4

On considère le circuit de la figure 4.1. La tension appliquée à l'entrée est égale à V_e.
1°) On demande de trouver l'expression de V_e *à partir de laquelle la diode va conduire. On donne pour la diode une tension de seuil* $V_0 = 0{,}6\ V$ *et une résistance dynamique* $R_d = 0$.

2°) On demande de remplir le tableau Tab.4.1 sachant que $R_2 = (2/5)R_1$. Tracer l'évolution de la variation de la tension de sortie en fonction de la tension d'entrée : $V_s = f(V_e)$.

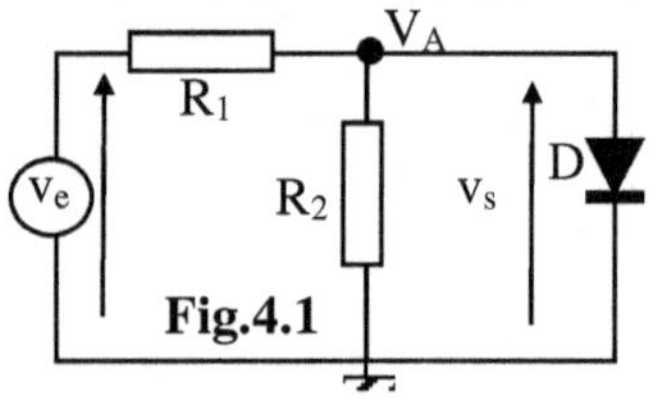

Fig.4.1

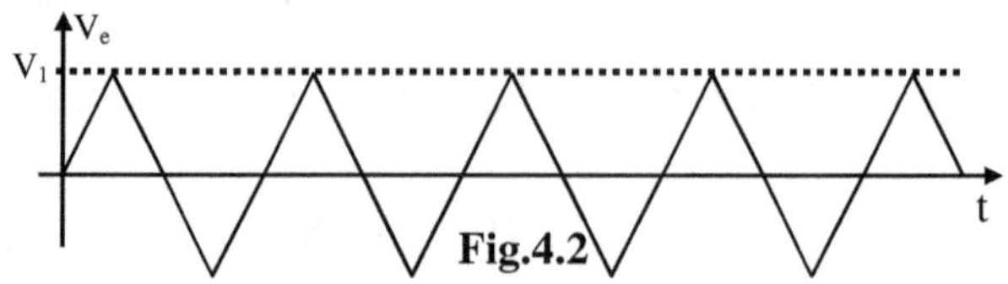

Fig.4.2

Ve	*Etat de la diode*	*Tension de sortie* v_s
0V		
1V		
2V		
3V		
4V		
5V		

Tab.4.1

On suppose cette fois que la diode est idéale et que la tension d'entrée est de forme triangulaire (figure 4.2). On demande de :
3°) Représenter la caractéristique directe et inverse de la diode.
4°) Représenter l'évolution de la tension de sortie v_s.

Exercice 5

Dans une première étape, on considère que la diode est idéale ($V_0 = 0$, $R_d = 0$ et Ri est infinie). On considère le circuit de la figure 5a. Le signal appliqué à l'entrée est schématisé à la figure 5b.

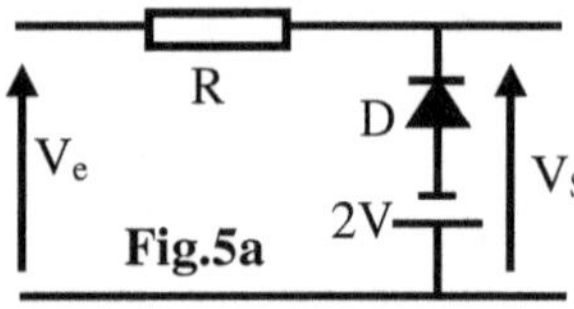

Fig.5a

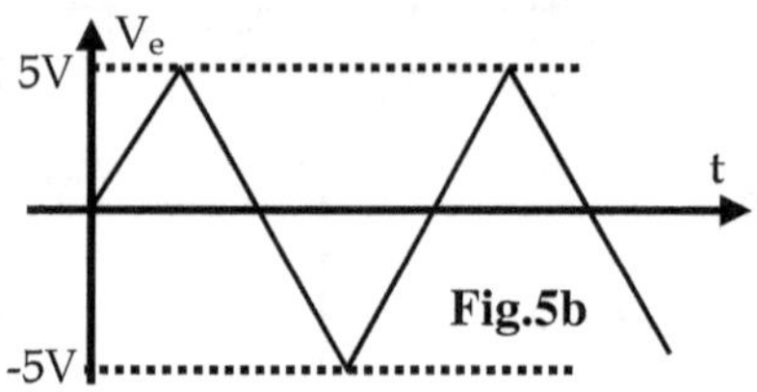

Fig.5b

1°) On demande de représenter l'évolution de Vs(t) et Ve(t) sur un même graphique et de donner l'expression de Vs en fonction de Ve. Représenter l'évolution de Vs=f(Ve). Quelles sont les valeurs maximale et minimale de Vs.
2°) La diode présente un seuil égal à 0,6V. On demande de répondre aux mêmes questions qu'en 1°).

Exercice 6

On dispose d'une diode idéale D insérée dans le circuit de la figure 6.1.

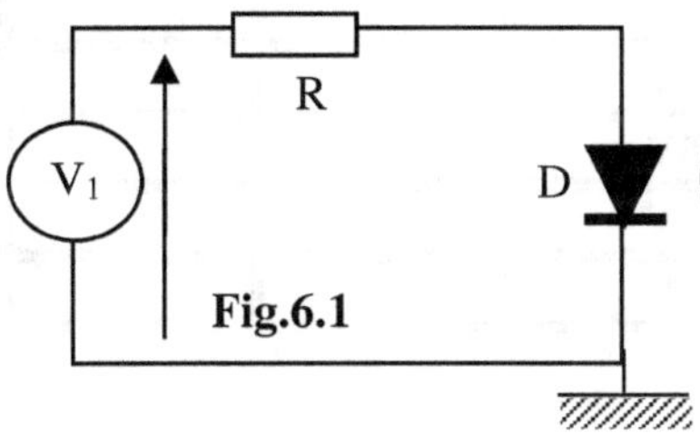

Fig.6.1

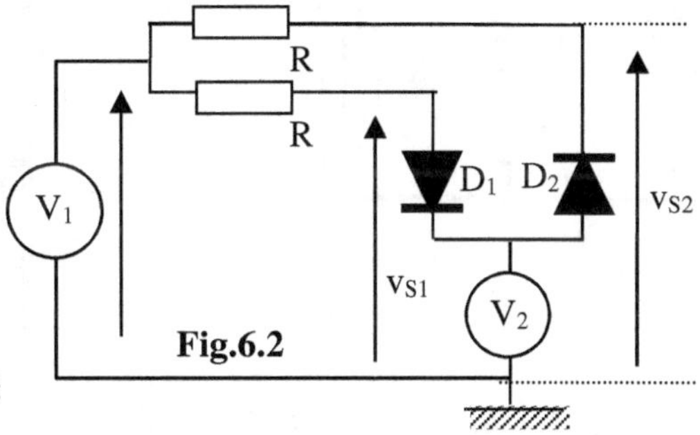

Fig.6.2

V_1	V_2	Etat D_1	Etat D_2	V_{S1}	V_{S2}
2 V	5V				
0 V	2V				
-4V	-2V				
4V	2V				
-1V	-3V				
4V	0V				

Tab.6

1°) On demande de donner la représentation de sa caractéristique.
2°) En supposant que la tension V_1 est égale à 12 volts et $R = 100\Omega$; Donner l'expression et la valeur du courant maximum qui traverse la diode D.
3°) Ecrire l'équation de la droire de charge et représenter la, sur le même graphique que la caractéristique de la diode idéale.
4°) On considère cette fois-ci le schéma de la figure 6.2. On demande de remplir le tableau Tab.6, sachant que les diodes D_1 et D_2 sont considérées comme idéales (pour les diodes : indiquer B pour bloquée et P pour passante).
5°) Le signal V_1 est sinusoïdal d'amplitude crête égale à 5V ; V_2 = 2 V. Représenter V_{S1} et V_{S2}.

Exercice 7

On considère le circuit de la figure 7. Les diodes sont identiques et possèdent un seuil V_0=0,6V une résistance dynamique (R_d) nulle et une résistance inverse infinie. On donne $R_1=R_2=5K\Omega$.
1°) On Donne V_1=-2V, compléter le tableau Tab.7 tout en indiquant par P (diode passante) et par B (diode bloquée).
2°) Tracer la caractéristique $V_s = f(V_e)$
3°) On suppose que $V_e = V_M.\sin(2\pi ft)$ avec a)V_M=4V et V_1 = -2V ;
b)V_M=8V et V_1 = -2V. Représenter pour chaque cas a) et b) l'un sous l'autre les signaux V_e et V_s. Donner les valeurs maximale et minimale de V_S pour chaque cas. Donner l'expression de V_s pour chaque cas.

.

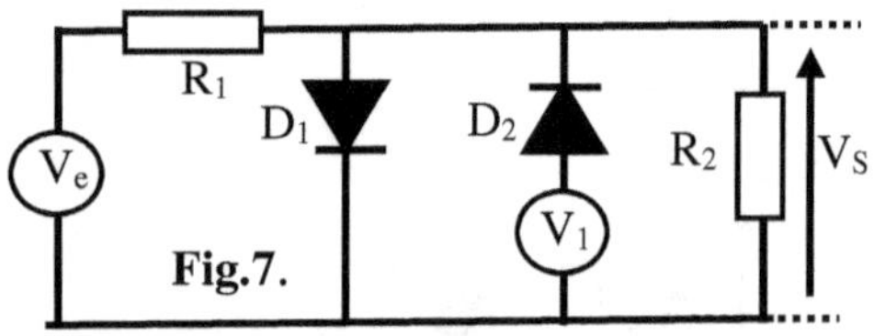

Fig.7.

Ve	Etat de D_1	Etat de D_2	Vs
-7V			
-5V			
-3V			
-2V			
3V			
5V			
6V			
7V			

Tab.7

Exercice 8

On considère le circuit de la figure 8.1. La diode D est considérée idéale.

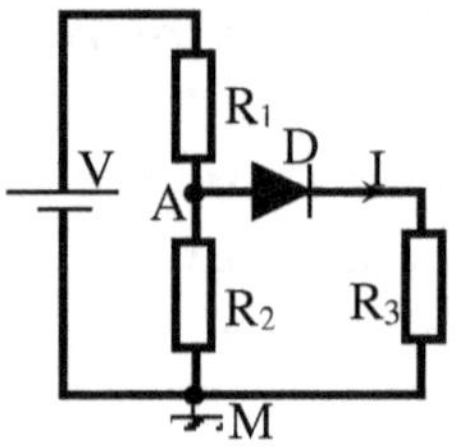

Fig.8.1

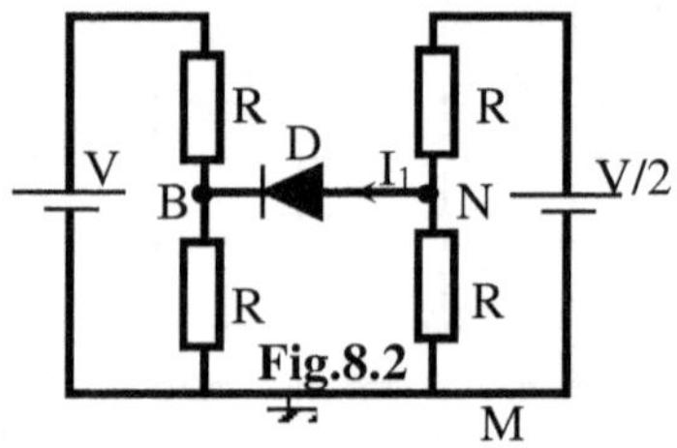

Fig.8.2

1°) Trouver le générateur de Thévenin équivalent (R_{TH} et V_{TH}) entre les points A et M.
2°) On demande de donner l'expression du courant I en fonction de V, R_1, R_2 et R_3.
Application numérique : V = 10 Volts ; $R_1 = R_2 = 20\ K\Omega$; $R_3 = 10\ K\Omega$
On considère cette fois-ci le circuit de la figure 8.2. La diode D est considérée idéale
3°) Trouver les générateurs de Thévenin équivalent entre B et M et ensuite entre N et M. Donner le schéma équivalent dans ces conditions.
4°) En déduire la valeur du courant I_1 et l'état de la diode D.

Exercice 9

Soit le circuit à diode de la figure 9. On suppose que la diode est idéale et que $R=1K\Omega$
1°) On demande de trouver les conditions pour lesquelles la diode est conductrice et la diode est bloquée tout en donnant le schéma équivalent du circuit lorsque la diode est conductrice et lorsque la diode est bloquée. Donner les expressions de V_A et de Vs pour chaque cas.
2°) On demande de remplir les tableaux Tab.9.1 (E=2V) et Tab.9.2 (E=-2V).
3°) Tracer la caractéristique Vs = f(Ve) pour les deux cas de figures.

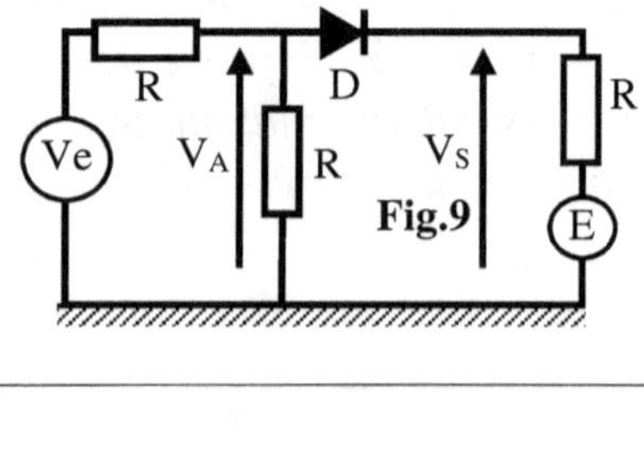

Fig.9

4°) La tension Ve est de la forme Ve=10sin(2πft), représenter l'un sous l'autre avec une échelle précise les tensions Ve, V_A et Vs ? pour les 2 cas de figures (E= 2V) et (E = -2V).

Ve	Etat de D	V_A	Vs
8			
6			
5			
4			
-5			
-6			
-8			

Tab.9.1 : (E=2V)

Ve	Etat de D	V_A	Vs
8			
6			
5			
4			
-5			
-6			
-8			

Tab.9.2 : (E=-2V)

Exercice 10

On considère le circuit de la figure 10.1. On demande :

1°) Donner l'expression et la valeur de la tension au point A dans les cas suivant :

(a) La diode est un court-circuit ; (b) la diode est un circuit ouvert. A.N : v_e = 2V ; R_1=5 KΩ ; R_2=3KΩ ; R_L=1KΩ

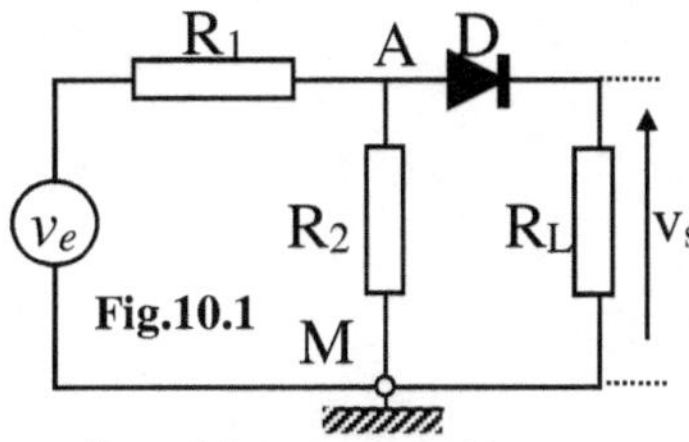

Fig.10.1

R_d : résistance dynamique
R_i : résistance inverse

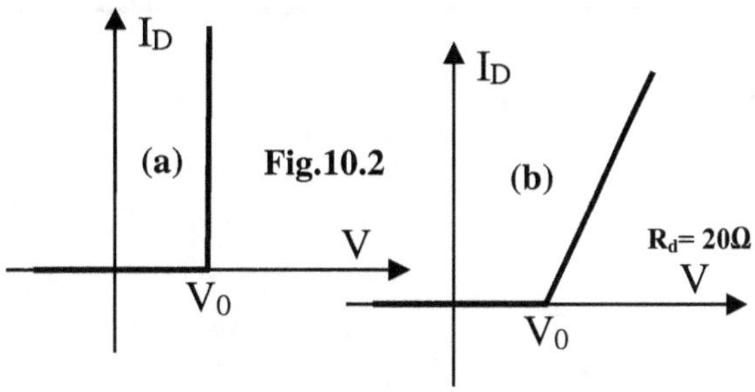

Fig.10.2

2°) La diode est représentée par ses modèles de la figure10.2. On demande dans chaque cas de trouver l'expression et la valeur de la tension au point A.

A.N : v_e=10V, V_0=0,6V ; R_1=5 KΩ ; R_2=3KΩ ; R_L=1KΩ

3°) On suppose cette fois-ci la diode idéale (V_0=0, R_d=0 et R_i infini). La tension v_e est sinusoïdale du type v_e=5.sin(2πft). On demande de représenter les signaux $v_e(t)$, $V_A(t)$ et $V_s(t)$. Donner les valeurs maximales et minimales de V_A et de V_S.

Exercice 11

On considère le circuit de la figure11.

1. Les diodes D_1 et D_2 sont identiques. Sachant que Ve = 9.sin(ωt) et V_1 = 2V. On demande :

1°) Dans le cas où les diodes sont idéales, on demande donner l'expression de Vs, de remplir le tableau Tab.11.1. Représenter sur un même graphique Ve(t) et $V_S(t)$ et donner la valeur minimale et maximale de $V_S(t)$

2°) *Dans le cas où les diodes présentent un seuil V_0= 0,6V, donner l'expression de $V_S(t)$, remplir le tableau Tab.11.2, représenter sur un même graphique $V_e(t)$ et $V_S(t)$ et donner la valeur minimale et maximale de $V_S(t)$.*

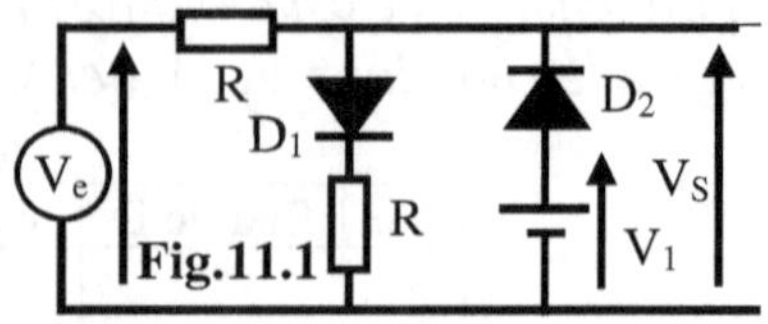

Fig.11.1

Diode sans seuil (Tab.11.1) ***Diode avec seuil V_0 = 0,6V (Tab.11.2)***

Ve(V)	*Etat de D_1*	*Etat de D_2*	*Vs(V)*	*Ve(V)*	*Etat de D_1*	*Etat de D_2*	*Vs(V)*

Partie 2: Solution des exercices

Solution de l'exercice 1

1°) Représentation de la jonction PN, les régions ou se trouvent la concentration des atomes donneurs et des atomes accepteurs ainsi que la largeur «d» de la zone de charge d'espace.

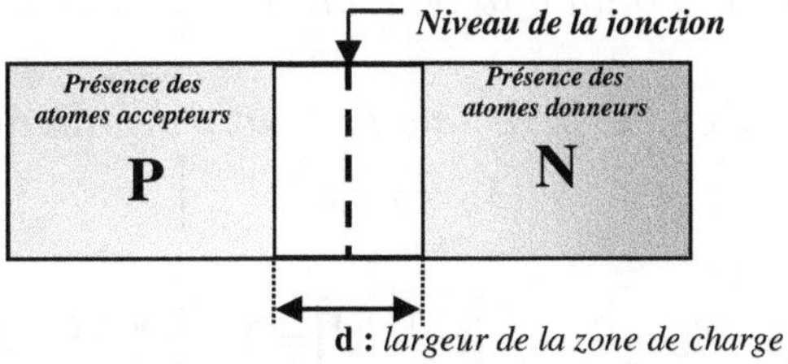

2°) Expression et calcul de la tension V_0 liée à la barrière de potentiel de la jonction

$$d = \sqrt{\frac{2\varepsilon_0\varepsilon_r V_0}{q}\left(\frac{1}{N_A} - \frac{1}{N_D}\right)} \qquad \Rightarrow V_0 = d^2 \frac{N_A N_D}{N_D - N_A} \cdot \frac{q}{2\varepsilon_0\varepsilon_r}$$

Comme $N_D >> N_A$:

$$V_0 = d^2 N_A \cdot \frac{q}{2\varepsilon_0\varepsilon_r} = 4.10^{-12}.8{,}33.10^{19}\frac{1{,}6.10^{-19}}{24.8{,}85.10^{-12}} = 0{,}25V$$

3°) Expression du champ électrique dans la jonction et calcul de son intensité.

$$E = \frac{V_0}{d} = d\frac{N_A N_D}{N_D - N_A} \cdot \frac{q}{2\varepsilon_0\varepsilon_r} = d. N_A \cdot \frac{q}{2\varepsilon_0\varepsilon_r} \qquad E = \frac{V_0}{d} = \frac{0{,}25}{2.10^{-6}} = 1255.10^2 V/m$$

Solution de l'exercice 2

1) *Calcul de la tension V_{T1}*

$$V_T = KT/e \;;\quad V_{T1} = KT_1/e \quad et \quad V_{T0} = KT_0/e \;;$$

$$\mathbf{V_{T1} = (V_{T0} . T_1/T_0)} \;;\quad A.N : \mathbf{V_{T1} = 30{,}3\ mV}$$

2) Calcul du courant de saturation inverse I_{S1}. Comparaison entre I_{S1} et I_D et Conclusion.

$$\mathbf{I_D = I_{S1}\left[e^{\frac{V_D}{V_{T1}}} - 1\right]} \;;\; \mathbf{I_{S1} = \frac{I_D}{\left[e^{\frac{V_D}{V_{T1}}} - 1\right]}} \;; \qquad A.N : \mathbf{I_{S1} = 10^{-6}\ A = 1\ \mu A}$$

Le courant inverse I_{S1} reste très petit par rapport au courant I_D même si la température est supérieure de 50°C par rapport à la température ambiante. Il peut être négligeable par rapport à I_D dans toutes les conditions de fonctionnement.

3) Calcul du courant de saturation inverse I_{S0} pour une température T_0 = 300°K. Comparaison entre I_{S1} et I_{S0}.

$$I_{S0} = \frac{I_S}{[e^{a(T-T_0)}]} ;\ A.N :\ I_{S0} \text{ à } T_0 = 300°K : I_{S0} = 49{,}78.10^{-9}\ A = 49{,}78\ nA,$$

$I_{S1} >> I_{S0}$; I_S augmente (↑) quand la température T augmente (↑).

4) Variation de température ΔT en °C pour que I_S double de valeur

$$\mathbf{I_S = I_{S0}\left[e^{a(T-T_0)}\right]} \;;$$

$$I_S = 2I_{S0} \;;\; \mathbf{\left[e^{a(T-T_0)}\right] = 2} \;;\; \mathbf{\left[e^{a\Delta T}\right] = 2} \;;$$

*A.N: **$\Delta T = \ln(2)/a = 11{,}55$ °C***

Solution de l'exercice 3 :

1°) diode est idéale - expressions et représentations de V_A et de Vs.
Lorsque Ve > -2V, la diode va conduire et de ce fait on aura le circuit de la figure suivante :

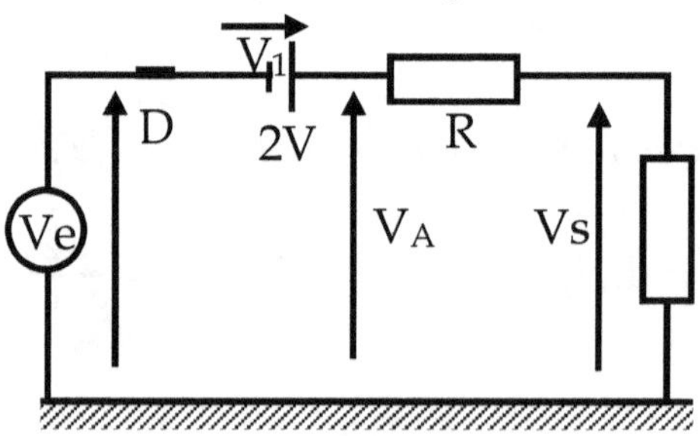

A partir de la, on peut écrire que :

$$V_A = V_e + V_1 = V_e + 2 \quad et \quad V_S = \frac{V_e + 2}{2}$$

Lorsque $V_e = V_M = 4V$, alors :

$$\mathbf{V_A = 6V \text{ et } V_S = 3V}$$

Lorsque Ve < -2V, la diode est bloquée. De ce fait, il n'y a aucun courant qui circule à travers les résistances R.

$$\mathbf{V_A = V_S = 0}$$

Les représentations des signaux $V_A(t)$ et $V_S(t)$ en correspondance avec $V_e(t)$ données par la figure suivante :

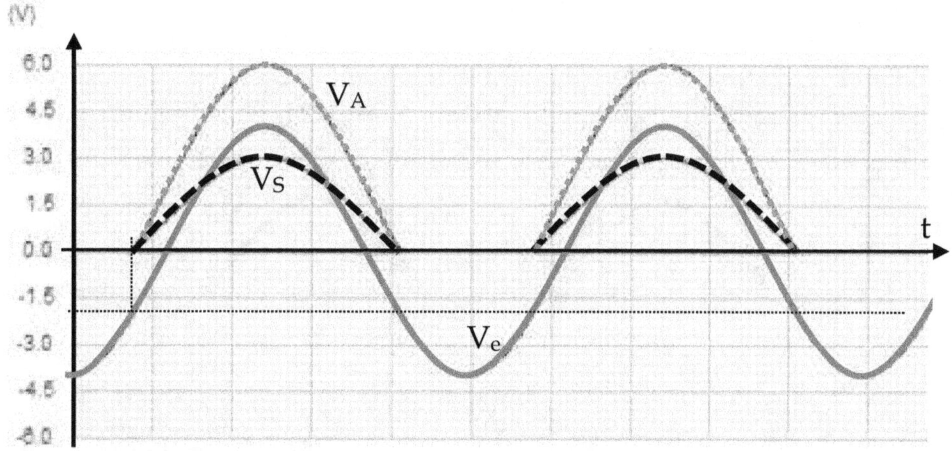

2°) Diode avec seuil - expressions et représentations de V_A et de Vs.

Lorsque Ve > $-2+V_0$, la diode va conduire et de ce fait on aura le circuit de la figure suivante :

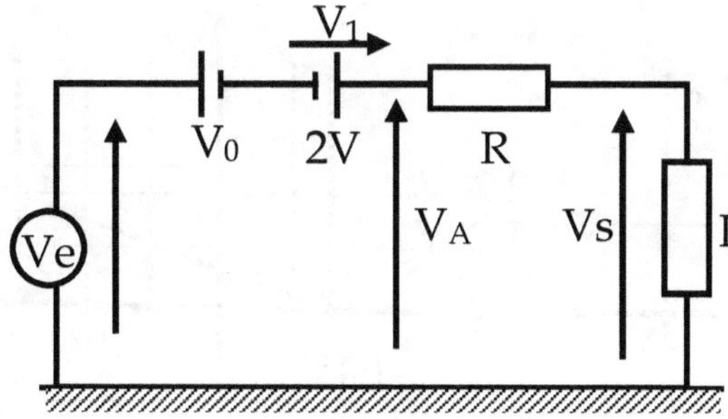

$$V_A = V_e + V_1 - V_0 = V_e + 2 - 0,6$$

La tension de sortie aura pour expression :

$$V_S = \frac{V_e + 2 - 0,6}{2}$$

Lorsque $V_e = V_M = 4V$, alors :

$$\mathbf{V_A = 5,4V \text{ et } V_S = 2,7V}$$

Lorsque $Ve < -2V+V_0$, $Ve < 1,4V$, Diode bloquée :

$$\mathbf{V_A = V_s = 0}$$

Les représentations de Ve, V_A et V_S sont données par la figure suivante :

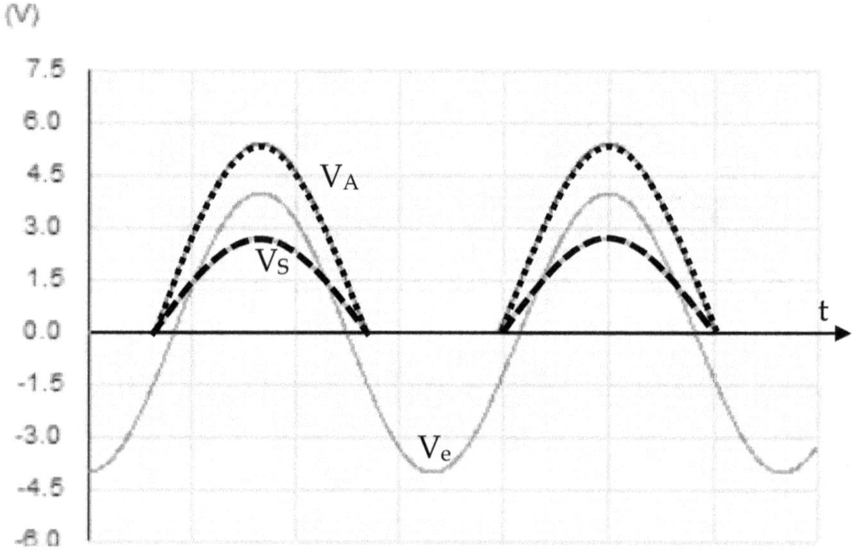

3°) Tracé de l'évolution de Vs en fonction de Ve

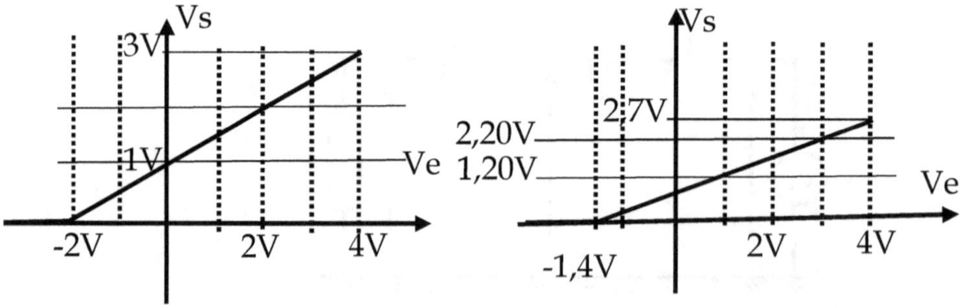

a) **<u>Diode sans seuil</u>** b) **<u>diode avec seuil</u>**

Solution de l'exercice 4

1°) Expression de V_e à partir de laquelle la diode va conduire.

Tant que $V_A \leq 0{,}6V$ la diode est bloquée :

$$V_A = \frac{R_2}{R_1 + R_2} V_e$$

Dès que $V_A \geq 0{,}6V$ la diode conduit.

$$\frac{R_2}{R_1 + R_2} V_e \geq 0{,}6 \Rightarrow V_e \geq \frac{R_1 + R_2}{R_2} . 0{,}6$$

$$V_e \geq \frac{\left(\frac{7}{5}\right)}{\left(\frac{2}{5}\right)} . 0{,}6;\ V_e \geq 2{,}1V$$

2°) Remplissage du tableau et état de la diode. Tracé de $V_s = f(V_e)$.

V_e	Etat de la diode	Tension de sortie
0V	Bloquée	0
1 V	Bloquée	0,28
2V	Bloquée	0,57
3V	Passante	0,6
4V	Passante	0,6
5V	Passante	0,6

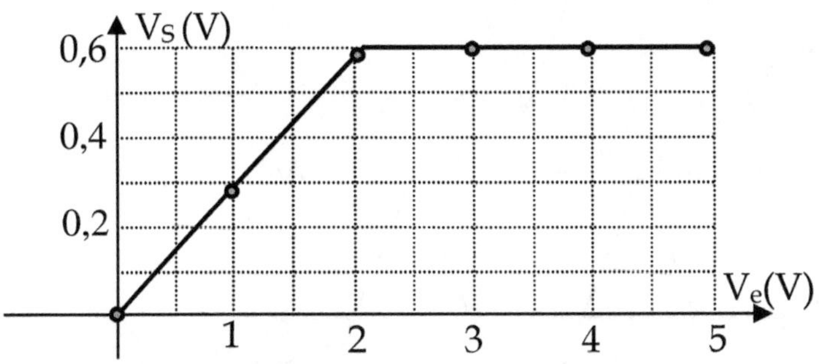

Tracé de $V_S = f(V_e)$

3°) Diode idéale – caractéristique directe et inverse

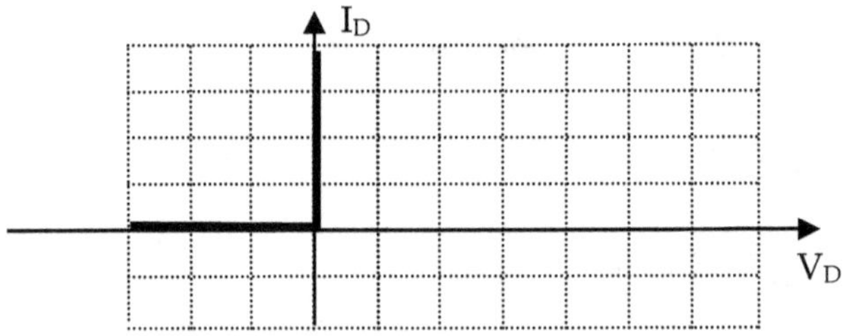

4°) Représentation de l'évolution de la tension de sortie V_S

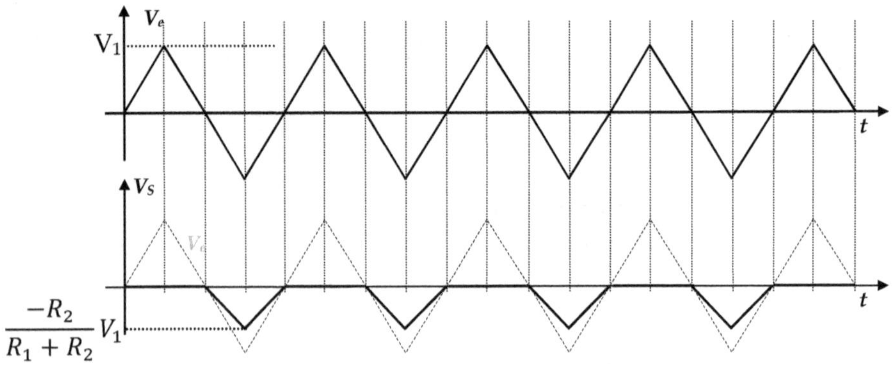

<u>Solution de l'exercice 5</u>

1°) Représentation de Vs(t) et Ve(t) sur un même graphique et expression de Vs=f(Ve) (diode idéale)

a) Représentation de Ve(t) et Vs(t)

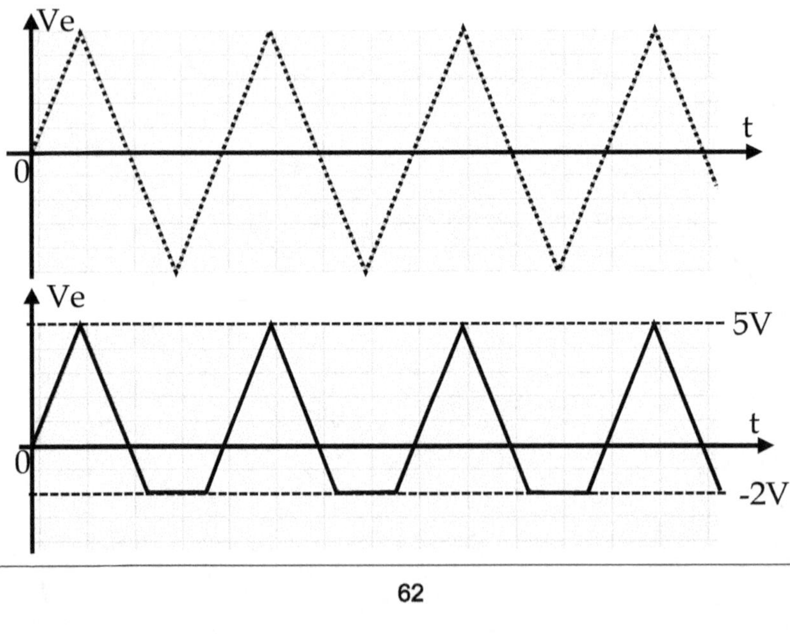

b) Expression de Vs (diode idéale):

Vs = Ve pour Ve > -2

Vs = -2V pour Ve < -2

2°) Représentation de l'évolution de Vs=f(Ve), valeur maximale et minimale de de Vs.

a) Représentation de Vs= f(Ve)

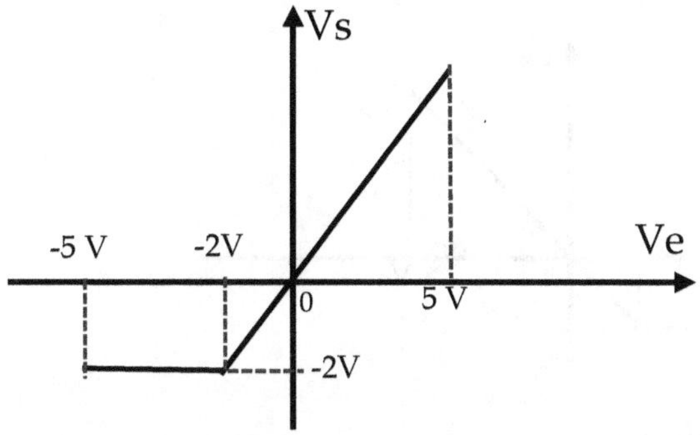

b) Valeur max et min de Vs

$$V_{SMax} = 5V$$
$$V_{Smin} = -2\ V$$

3°) Représentation de Vs(t) et Ve(t) sur un même graphique et expressions de Vs en fonction de Ve (diode présentant un seuil de 0,6V) ; valeur min et max de Vs.

a) Représentation de Ve et de Vs(t)

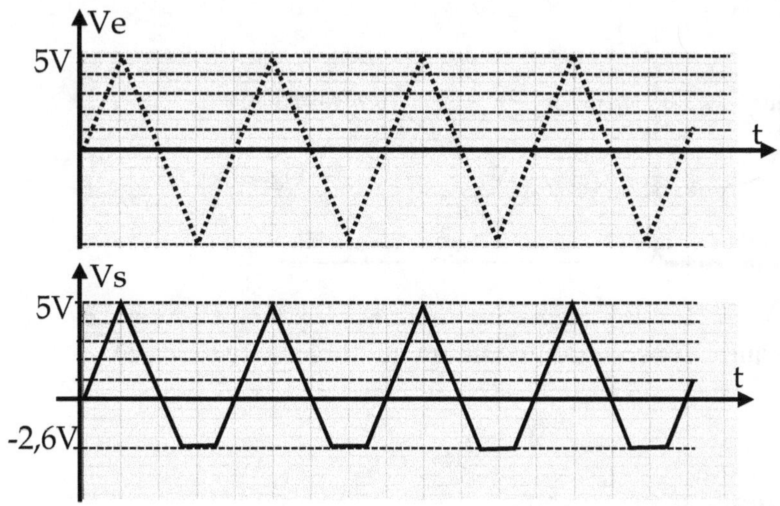

b) Expression de Vs(t)

$$Vs = Ve \text{ pour } Ve > -2,6V$$

$$Vs = -2,6V \text{ pour } Ve < -2,6V$$

c) Représentation de Vs = f(Ve)

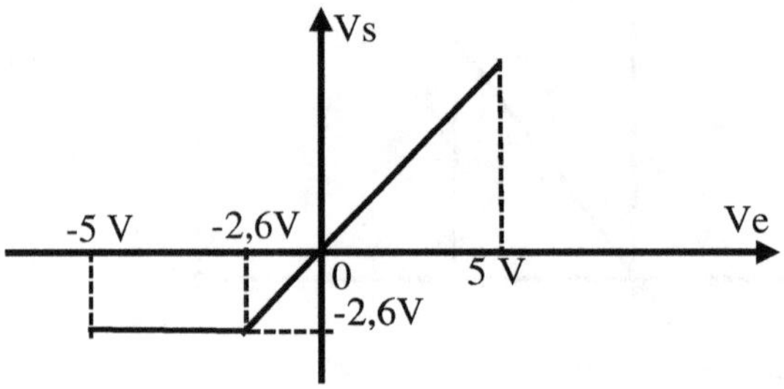

d) Valeur max et min de Vs

$$V_{Smax} = 5V$$
$$V_{Smin} = -2,6V$$

Solution de l'exercice 6

1°) Représentation de la caractéristique d'un diode idéale.

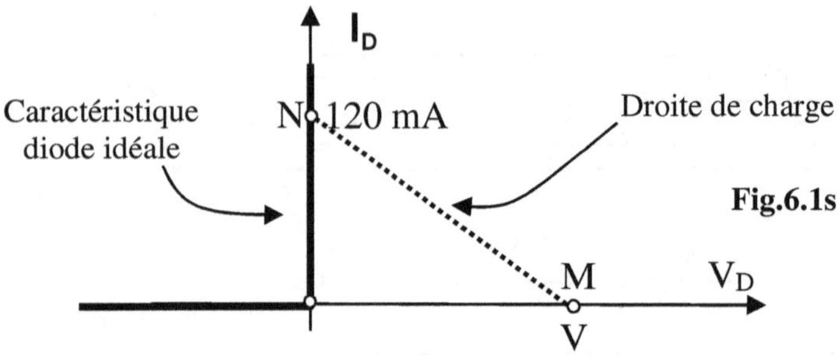

Fig.6.1s

2°) Expression et valeur du courant maximum qui traverse la diode D

$$I_{max} = \frac{V}{R}$$

$I_{max} = (12/100) = 0,12A = 120 \text{ mA}$

3°) Equation de la droire de charge et sa représenter la sur le même graphique que la caractéristique de la diode idéale.

$$\frac{\boldsymbol{I_D = (V - V_D)}}{\boldsymbol{R}}$$

La droite de charge passe par deux points M (I_D=0 et V_D =V) et N (I_D=20mA et V_D=0). Sa représentation est donnée à la figure 6.1s (ci-dessus)

4°) Remplissage du tableau Tab.6 (D_1 et D_2 considérées idéales).

V_1	V_2	Etat D_1	Etat D_2	V_{S1}	V_{S2}
2 V	5V	B	P	2	5
0 V	2V	B	P	0	2
-4V	-2V	B	P	-4	-2
4V	2V	P	B	2	4
-1V	-3V	P	B	-3	-1
4V	0V	P	B	0	4

Tab.6

5°) Représentation de v_{s1} et v_{s2} dans le cas ou v_1 est sinusoïdal et d'amplitude crête égale à 5V et V_2 = 2V.

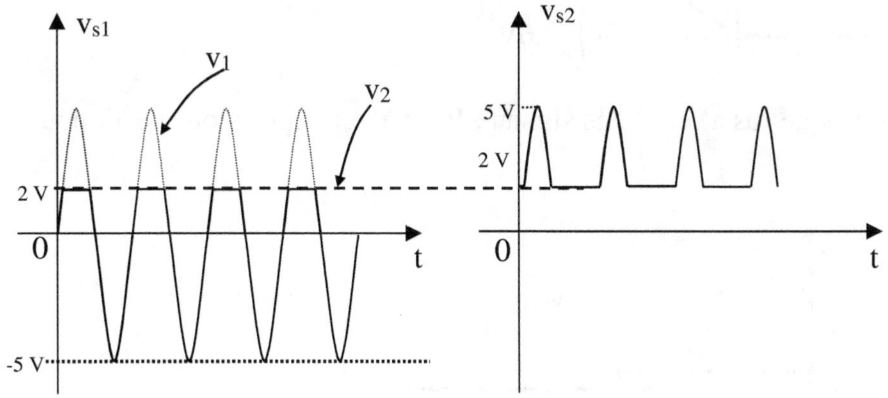

Solution de l'exercice 7

1°) V_1=-2V, Tableau Tab.7 complété

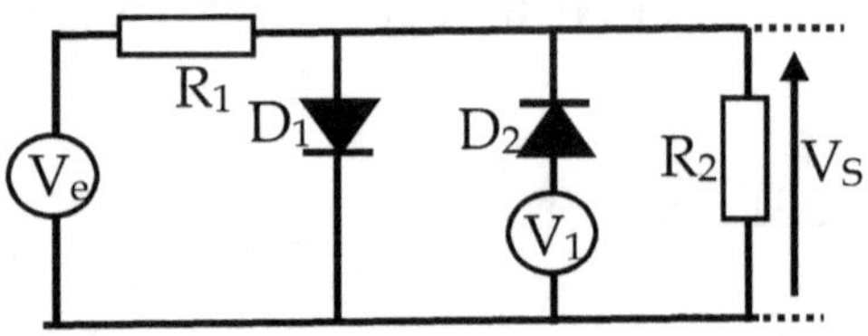

Ve	Etat de D1	Etat de D2	Vs
-7V	B	P	-2,6V
-5V	B	B	-2,5V
-3V	B	B	-1,5V
-2V	B	B	-1 V
3V	P	B	0,6V
5V	P	B	0,6V
6V	P	B	0,6V
7V	P	B	0,6V

Tab.7

2°) Tracé de la caractéristique $V_s = f(V_e)$

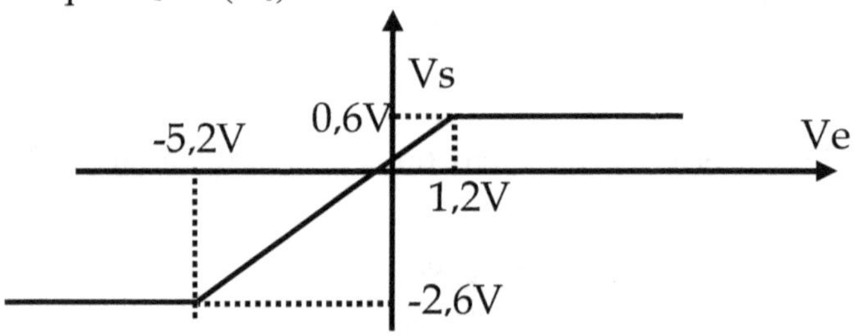

3°) Représentation pour chaque cas a) et b) des signaux V_e et V_s et expressions de V_s pour chaque cas.

a)V_M=4V et V_1 =-2V

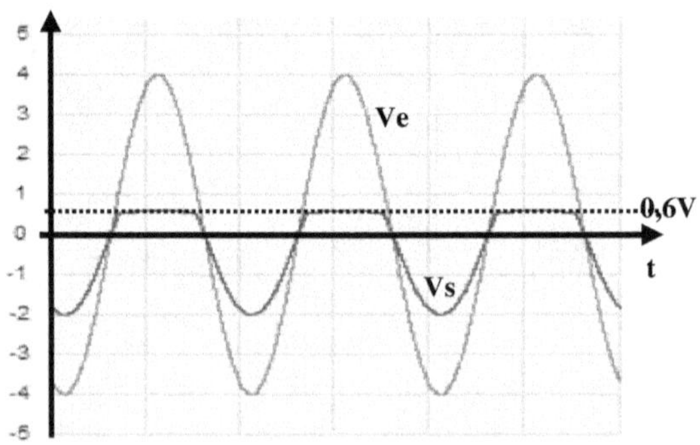

L'expression de la tension de sortie est donnée par :

$$V_S = \begin{cases} \mathbf{0,6V} & \mathbf{V_e > 1,2V} \\ \mathbf{\frac{Ve}{2}} & \mathbf{-5,2V < V_e < 1,2V} \end{cases}$$

Valeurs maximale et minimale de V_S

V_{max} = 0,6V
V_{min} = -2V

b) V_M=8 V et V_1 =-2V

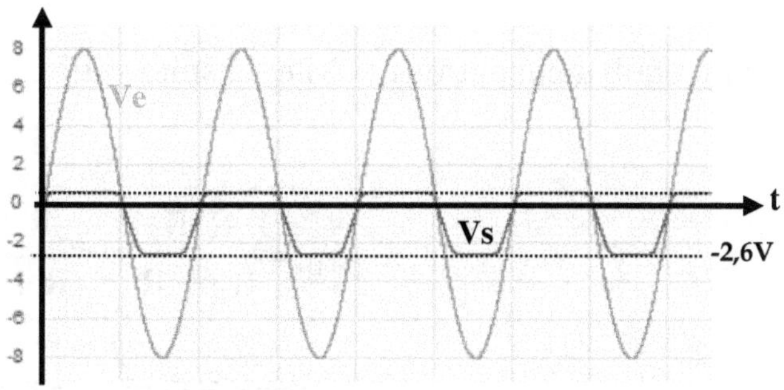

$$V_S = \begin{cases} \mathbf{0,6V} & \mathbf{V_e > 1,2V} \\ \mathbf{\frac{Ve}{2}} & \mathbf{-5,2V < V_e < 1,2\,V} \\ \mathbf{-2,6V} & \mathbf{V_e < -5,2V} \end{cases}$$

V_{Max} = 0,6V
V_{min} = -2,6V

<u>Solution de l'exercice 8</u>

1°) Générateur de Thévenin équivalent

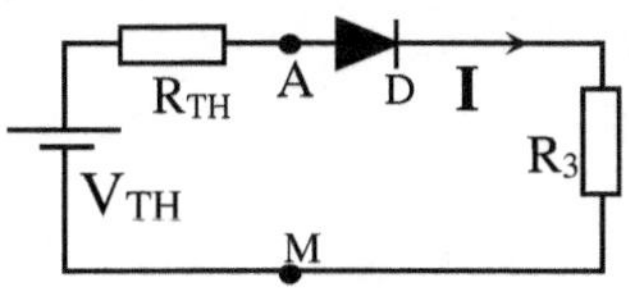

$$R_{TH} = \frac{R_1 R_2}{R_1 + R_2} = 10K\Omega$$

$$V_{TH} = \frac{R_2}{R_1 + R_2} V = \frac{V}{2} = 5V$$

2°) Expression du courant I en fonction de V, R_1, R_2 et R_3 et application numérique

La diode D est considérée idéale : $V_0 = 0$ et $R_d = 0$

$$I = \frac{V_{TH}}{R_{TH} + R_3} = \frac{V\frac{R_2}{R_1 + R_2}}{\frac{R_1R_2}{R_1 + R_2} + R_3}$$

$$I = \frac{V.R_2}{R_1R_2 + R_1R_3 + R_2R_3} = \frac{10.20.10^3}{(400 + 200 + 200).10^6} = \frac{200}{800.10^3} = 0{,}25mA$$

$$I = 250\mu A$$

3°) Générateurs de Thévenin équivalent entre B et M et ensuite entre N et M et schéma équivalent

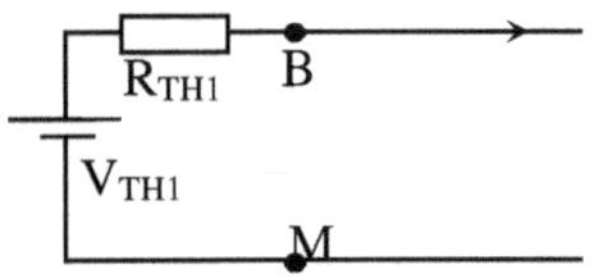

$$R_{TH1} = \frac{R_1R_2}{R_1 + R_2} = \frac{R.R}{R + R} = \frac{R}{2}$$

$$V_{TH1} == \frac{V.R}{R + R} = \frac{V}{2}$$

Pour le circuit situé à droite de la diode, on procède de la même manière pour obtenir

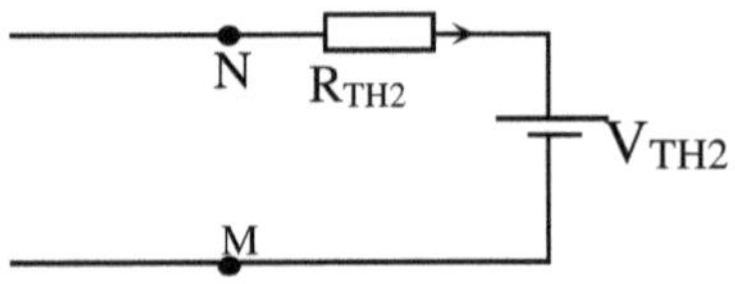

$$R_{TH2} = \frac{R.R}{R + R} = \frac{R}{2}$$

$$V_{TH2} == \frac{\frac{V}{2}.R}{R + R} = \frac{V}{4}$$

4°) Déduction de la valeur du courant I_1.

Pour pouvoir trouver facilement le courant I qui traverse la diode D, on remplace les circuits à droite et à gauche de la diode par leur circuit équivalent d'après le théorème de Thévenin pour obtenir le circuit suivant :

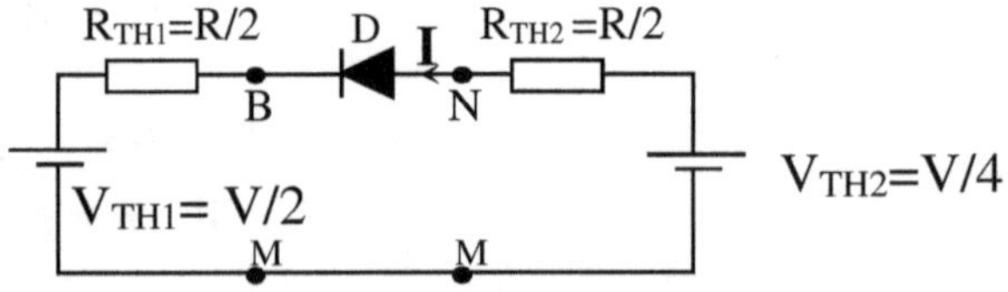

Comme $V_{TH2} < V_{TH1}$ alors on a la diode D qui est bloquée : Le courant qui la traverse est nul :

$$I = 0$$

Solution de l'exercice 9

1°) Conditions (diode conductrice) et (diode bloquée). Schéma équivalent et expression de V_A et V_S.

Juste avant de conduire, il n'y a pas de courant qui circule à travers la diode. Ce qui fait qu'on a sa cathode à un potentiel égal à E. De même lorsque la diode ne conduit pas l'anode est au potentiel égal à $V_A = \frac{Ve}{2}$.
Ainsi pour que la diode conduise, il faudrait que : $V_A > E$

De ce fait, la valeur minimale pour que la diode puisse conduire, il faudrait (voir schéma équivalent figure 9.1s) que :

$$V_e > 2E$$

Lorsque la diode D conduit, l'application du théorème de Millman permet de déduire :

$$V_A = Vs = \frac{Ve + E}{3}$$

La diode va être bloquée lorsqu'on a :

$$V_e < 2E \, ;$$

De ce fait on aura :

$$V_A = \frac{Ve}{2} \quad et \; Vs = \text{E}$$

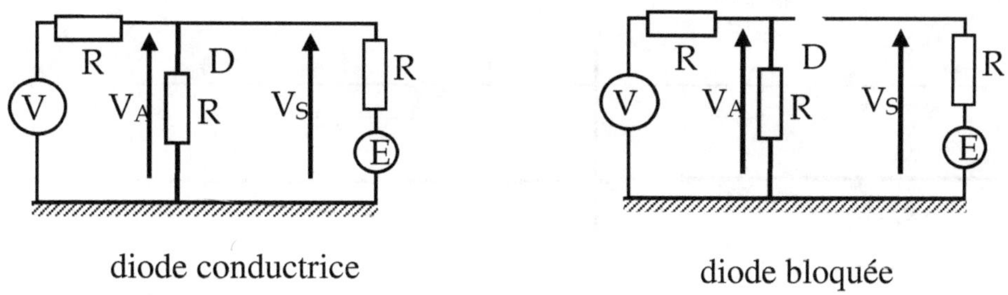

Fig.9.1s

2°) Les tableaux Tab.9.1 et Tab.9.2

Tab.9.1 : (E=2V)

Ve	Etat de D	V_A	Vs
8	passante	3,66	3,66
7	passante	3	3
5	passante	2,33	2,33
4	bloquée	2	2
-3	bloquée	-1,5	2
-5	bloquée	-2,5	2
-8	bloquée	-4	2

Tab.9.1 : (E=-2V)

Ve	Etat de D	V_A	Vs
8	passante	2	2
7	passante	1,66	1,66
5	passante	1	1
4	passante	0,66	0,66
-3	passante	-1,66	-1,66
-5	bloquée	-2,5	-2
-8	bloquée	-4	-2

3°) Tracé de la caractéristique Vs = f(Ve) pour les deux cas de figures.

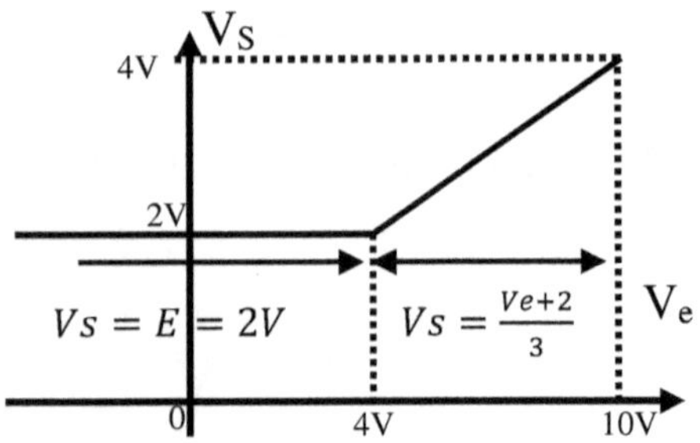

Cas ou E = 2V

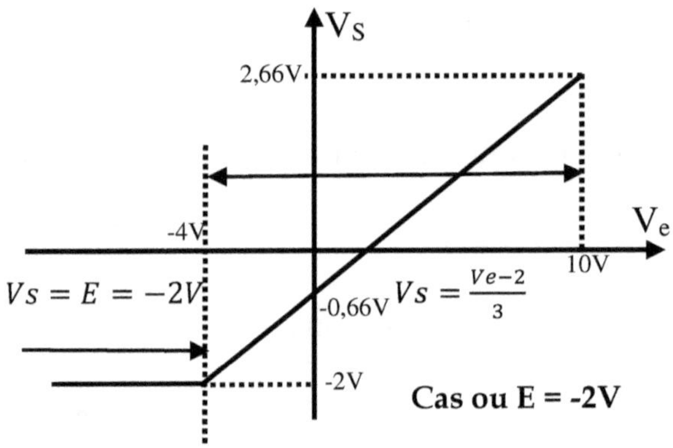

Cas ou E = -2V

4°) Représentation des tensions Ve, V_A et Vs pour les 2 cas de figures.

a) <u>Cas ou E =2V</u>

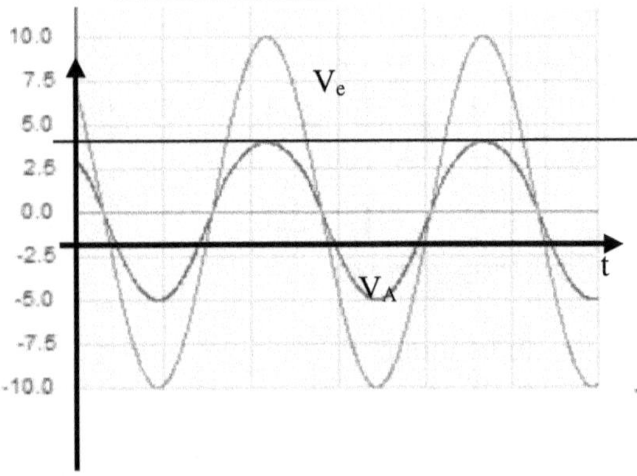

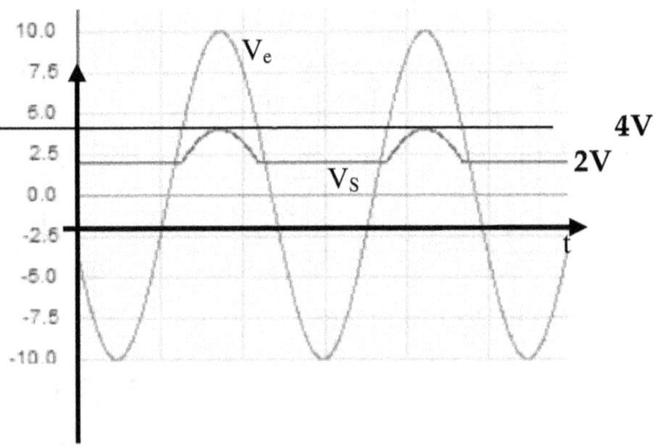

b) Cas ou E = -2V

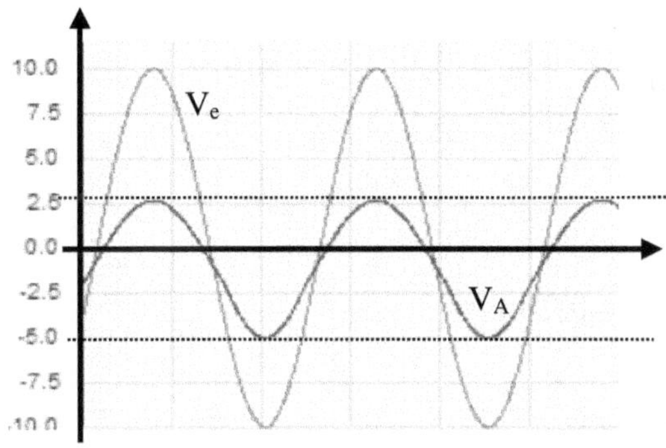

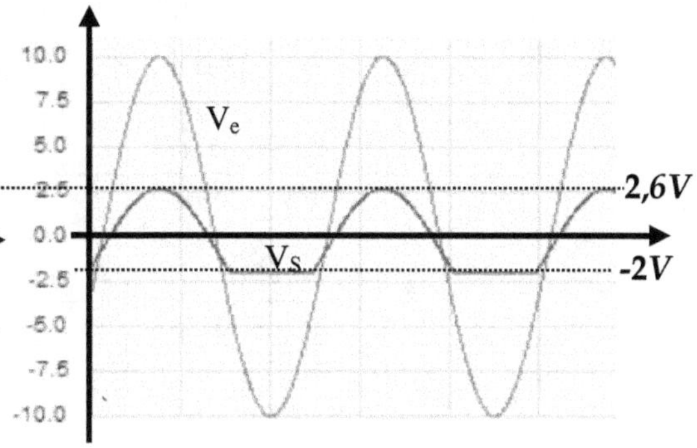

Solution de l'exercice 10

1°) Expression et valeur de la tension au point A dans les cas suivant : (a) La diode est un court-circuit ; (b) la diode est un circuit ouvert.

a) Diode court-circuit :

Dans le cas où la diode est un court-circuit, le circuit équivalent est donné par le schéma ci-dessous.

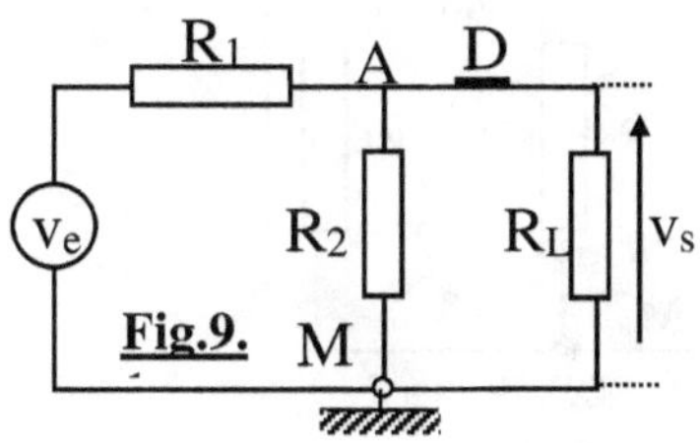

Fig.9.

$$V_A = \frac{v_e R_L R_2}{R_1 R_2 + R_1 R_L + R_2 R_L}$$

R_1=5 KΩ ; R_2=3KΩ ; R_L=1KΩ

$$\mathbf{V_A = v_S = \frac{3}{23} v_e = 0,26V}$$

b) Diode circuit ouvert

Dans ces conditions le circuit équivalent est schématisé par la figure ci-dessous.

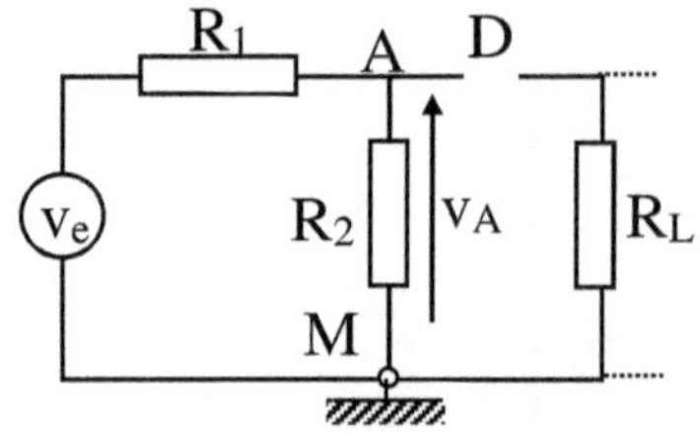

$$V_A = \frac{R_2}{R_2 + R_1} v_e = \frac{3}{3+5} v_e = 0{,}75V$$

2°) Expression et la valeur de la tension au point A. Application numérique :
v_e=10V, V_0=0,6V ; R_1=5 KΩ ; R_2=3KΩ ; R_L=1KΩ

Cas (a) :

Pour ce cas, on constate que la diode est équivalente dans le sens direct à sa tension de seuil V_0 et qu'elle présente une résistance dans le sens direct nulle et une résistance dans le sens inverse infinie.

De ce fait, le schéma équivalent du circuit étudié est schématisé par la figure ci-dessous.

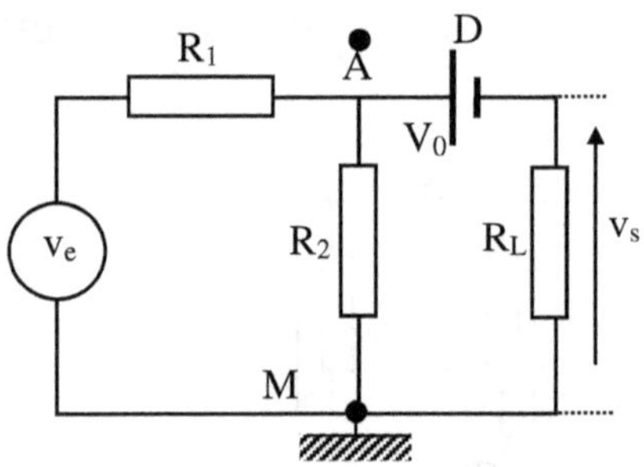

Dans ces conditions, par l'utilisation du théorème de Millman, on peut écrire que :

$$V_A = \frac{V_0 R_1 R_2 + v_e R_L R_2}{R_1 R_2 + R_1 R_L + R_2 R_L}$$

$$V_A = 0{,}652V$$

Cas (b) :

Pour ce cas, on constate que la diode est équivalente dans le sens direct à sa tension de seuil V_0 en série avec sa résistance dans le sens direct. La résistance dans le sens inverse est infinie. De ce fait, le schéma équivalent du circuit étudié est schématisé par la figure ci-dessous.

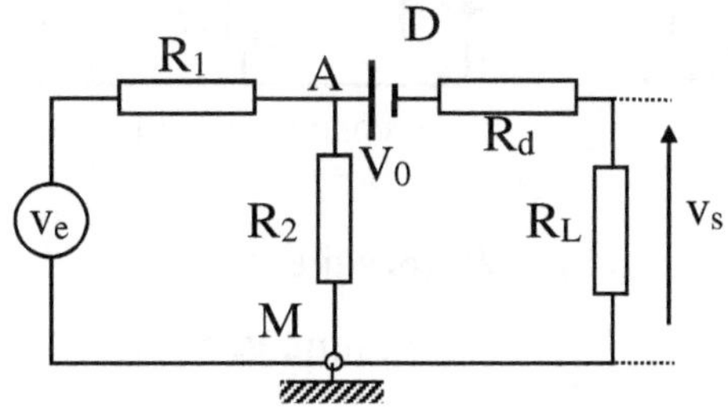

$$V_A = \frac{V_0 R_1 R_2 + v_e(R_L + R_d)R_2}{R_1R_2 + R_1(R_L + R_d) + R_2(R_L + R_d)} = 0,653V$$

$$V_A = 0,653V$$

3°) Diode idéale, v_e=5.sin(2πft), représentation des signaux v_e, V_A et V_s, valeurs maximales et minimale

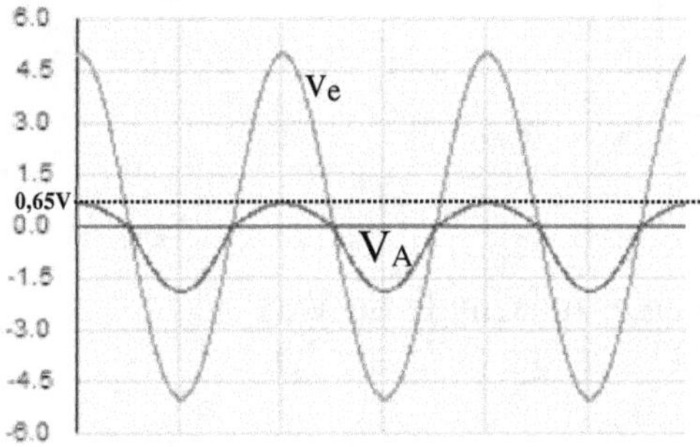

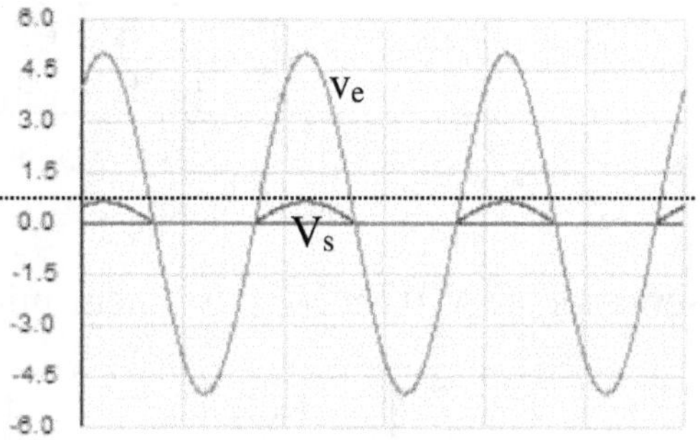

$$v_{Amax} = v_{Smax} = 0,65V; \qquad v_{Amin} = -1,87V; \; v_{Smax} = 0$$

<u>Solution de l'exercice 11</u>

1°) Les diodes sont idéales, expression de Vs et remplissage du tableau Tab.11.1
Représentation de $V_e(t)$ et $V_S(t)$ et valeur minimale et maximale de $V_S(t)$.

a) Expression de V_S.

Ve <0 D_1 bloquée et D_2 conductrice :

$V_s = V_1 = 2V$

0 < Ve < 4V les diodes D_1 et D_2 sont conductrices : **$V_s = V_1 = 2V$**

Ve > 4V D_1 conductrice et D_2 bloquée :

Vs = Ve/2

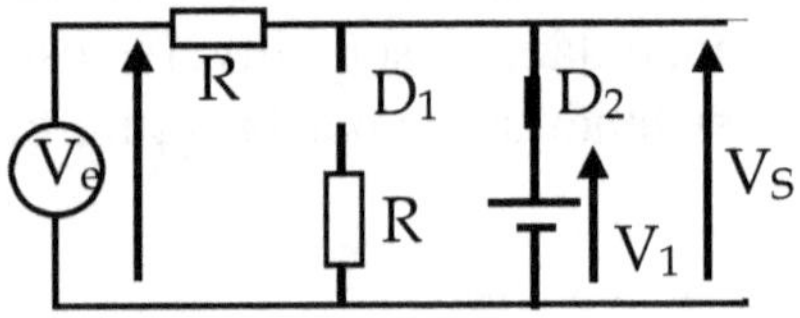

D_1 bloquée et D_2 conductrice

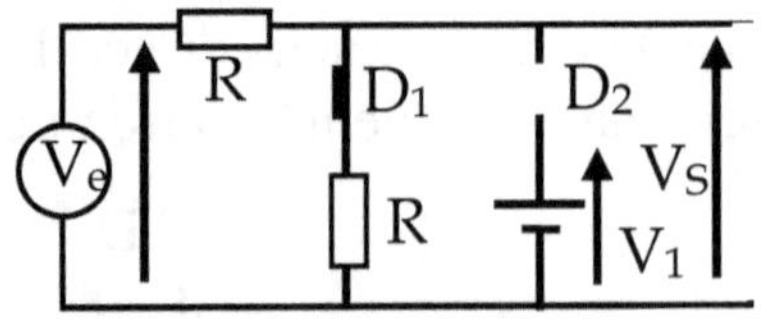

D_1 conductrice et D_2 bloquée

En résumé :

$$V_s = \begin{cases} \mathbf{V_1 = 2V \text{ lorsque } V_e < 4V} \\ \mathbf{\frac{V_e}{2} \quad \text{lorsque } V_e > 4V} \end{cases}$$

b) Remplissage du tableau Tab.11.1.

Ve(V)	Etat de D_1	Etat de D_2	Vs(V)
-9	B	P	2
-5	B	P	2
-2	B	P	2
0	B	P	2
2	P	P	2
4	P	B	2
9	P	B	4,5

c) Représentation de $V_e(t)$ et $V_S(t)$ et valeur minimale et maximale de $V_S(t)$.

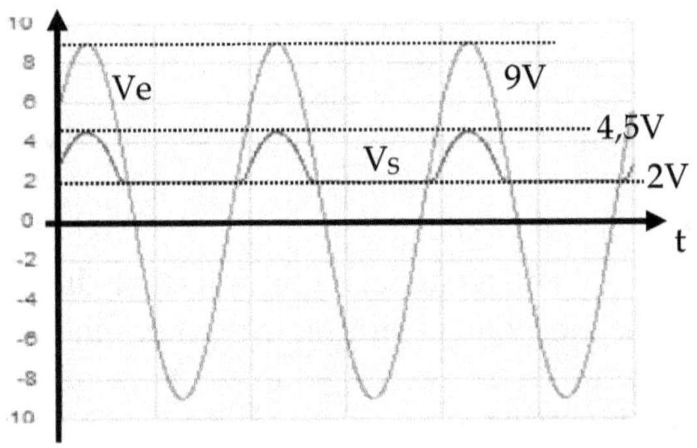

V_{Smax}= 4,5V et V_{Smin} = 2V

2°) Les diodes présentent un seuil V_0= 0,6V, expression de Vs(t), Remplissage du tableau Tab.11.2. Représentation de Ve(t) et V_S(t) et valeur minimale et maximale de V_S(t).

a) Expression de V_S.

Ve < 0,6V D_1 bloquée et D_2 conductrice :

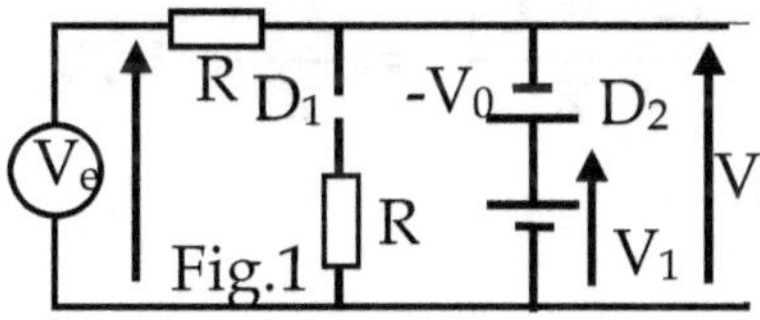

Le schéma équivalent lorsque V_e< V_0.

$V_S = V_1 - V_0 = 1,4V$

Lorsque Ve > V_0, la diode D_1 est conductrice, mais on ne sait pas à quelle condition la diode D_2 va-t-elle conduire ou va se bloquer.

La tension V_K appliquée sur la cathode de la diode D_2 est :

$$V_K = \frac{\frac{V_e}{R} + \frac{V_0}{R}}{\frac{1}{R} + \frac{1}{R}} = \frac{V_e + V_0}{2}$$

Pour que D_2 se bloque, il faudrait que :

$$\frac{V_e + V_0}{2} > V_1 - V_0;$$

$$V_e > 2V_1 - 3V_0$$

Ve > 2,2V

On aura ainsi :

0 ,6V<Ve<2,2V les diodes D_1 et D_2 sont conductrices. Le schéma équivalent du circuit étudié est donné par la figure suivante:

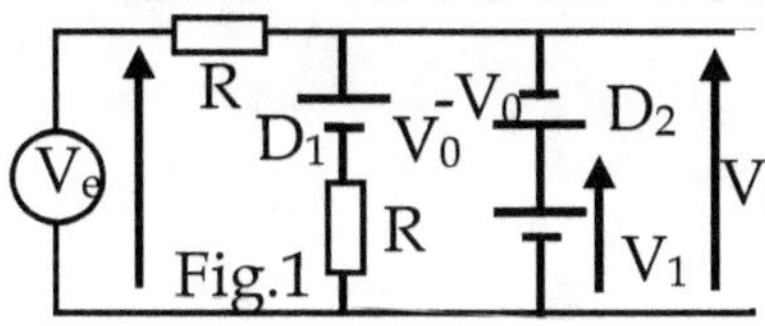

$V_S = V_1 - V_0 = 1,4V$

Ve>2,2V D_1 conductrice et D_2 bloquée. Le schéma équivalent du circuit dans ces conditions est schématisé comme suit :

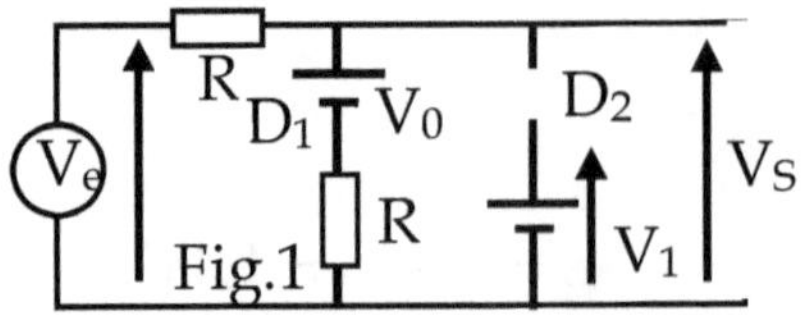

Fig.1

$$V_S = \frac{(V_e + V_0)}{2} = \frac{V_e}{2} + 0,3$$

En résumé :

$$V_s = \begin{cases} V_1 - V_0 = 1,4V \text{ lorsque } V_e < 2,2V \\ \frac{V_e}{2} + 0,3 \quad \text{lorsque } V_e > 2,2V \end{cases}$$

b) Remplissage du tableau Tab.11.2

Ve(V)	Etat de D_1	Etat de D_2	Vs(V)
-9	B	P	1,4
-5	B	P	1,4
-2	B	P	1,4
0	B	P	1,4
2	P	P	1,4
4	P	B	2,3
9	P	B	4,8

c) Représentation de Ve(t) et Vs(t) et valeur minimale et maximale de Vs(t).

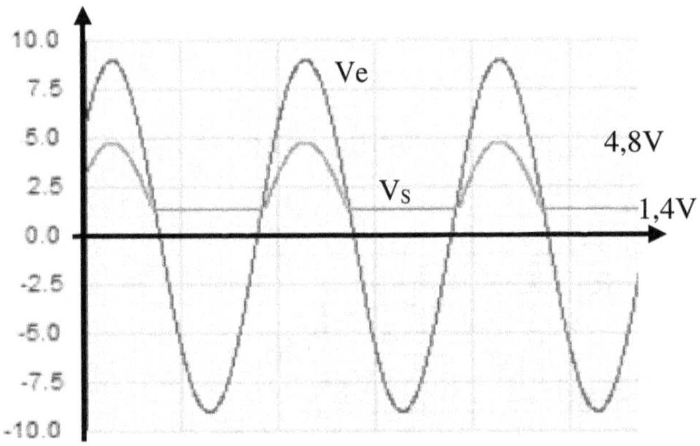

V_{Smax}= 4,8V ; V_{Smin}=1,4V

Bibliographie :

1- Electronique analogique, Stéphane Volkov, Editions, ELeducative, collection A. CAPLIEZ 1994.

2- Electronique générale, Brahim Haraoubia, Editions, Office des Publications Universitaires (OPU), 2006, 3ème édition.

3- Micoelectronics, Digital and analog circuits and systems, J. Millman, Editions McGraw Hill, 1979.

4- Principes d'électronique, A.P Malvino, Edition, McGraw Hill, 1980

5- Understanding Modern Transistors and Diodes, David L. Pulfrey, Editions Cambridge University Press, 2010.

6- Nonlinear electronics 1, Brahim Haraoubia, ISTE Press and ELSEVIER 2018.

www.ingramcontent.com/pod-product-compliance
Lightning Source LLC
LaVergne TN
LVHW082047051026
849532LV00011B/3516